小麦赤霉病气象等级预报方法

主 编 徐 敏 高 苹

内 容 简 介

本书主要介绍了小麦赤霉病流行规律、气象指标、预报方法、业务系统、防控对策,其中赤霉病气象等级预报方法是重点,主要阐述了三种方法:一是基于综合影响指数或促病指数进行赤霉病气象等级预报;二是基于机器学习算法,根据不同的起报时间建立不同的病穗率预报模型;三是将遥感监测与统计方法相结合,对赤霉病进行估测。本书可为赤霉病的适期防治提供强有力的技术支撑和服务。

图书在版编目(CIP)数据

小麦赤霉病气象等级预报方法 / 徐敏,高苹主编. — 北京:气象出版社,2020.6
ISBN 978-7-5029-7207-3

Ⅰ.①小… Ⅱ.①徐… ②高… Ⅲ.①农业气象预报-关系-小麦-赤霉病-防治 Ⅳ.①S165②S435.121.4

中国版本图书馆 CIP 数据核字(2020)第 076680 号

小麦赤霉病气象等级预报方法

Xiaomai Chimeibing Qixiang Dengji Yubao Fangfa

出版发行:气象出版社	
地　　址:北京市海淀区中关村南大街 46 号	邮政编码:100081
电　　话:010-68407112(总编室)　010-68408042(发行部)	
网　　址:http://www.qxcbs.com	E-mail:qxcbs@cma.gov.cn
责任编辑:张　媛	终　　审:吴晓鹏
责任校对:王丽梅	责任技编:赵相宁
封面设计:博雅思企划	
印　　刷:北京建宏印刷有限公司	
开　　本:710 mm×1000 mm　1/16	印　　张:5.75
字　　数:112 千字	
版　　次:2020 年 6 月第 1 版	印　　次:2020 年 6 月第 1 次印刷
定　　价:40.00 元	

本书如存在文字不清、漏印以及缺页、倒页、脱页等,请与本社发行部联系调换

编委会

主　　编：徐　敏　高　苹

副 主 编：徐经纬　徐　萌　谢志清　徐　乐

编写人员：尹　雯　缪璟秋　李玉涛　吴洪颜
　　　　　张旭晖　徐　云　周　元　吴佳文

编写指导：刘文菁　李亚春　项　瑛　郭安红
　　　　　杨荣明　居为民　申双和　田子华
　　　　　姜玉英

序一

小麦赤霉病是威胁我国小麦产量和品质的主要病害，1973年世界卫生组织和联合国粮农组织把赤霉病列为自然发生的最危险的食品污染物。20世纪90年代以来，我国赤霉病的年发生面积均在 $415 \times 10^4 \, hm^2$ 以上，其中长江流域麦区是小麦赤霉病发生最严重的地区，包括江苏、安徽、湖北和四川等省。2000年以来，受小麦—玉米轮作、小麦—水稻轮作、秸秆还田等耕作制度变化及极端天气气候事件的影响，我国主产麦区小麦赤霉病重发频率明显上升。本书总结、完善小麦赤霉病气象等级预报方法，可为最大限度减轻赤霉病流行和危害程度提供可能，为助力农药减施增效、保护农田生态环境奠定基础。

气象部门自20世纪80年代就开始对小麦赤霉病发生发展与气象条件的关系开展研究，并初步建立了赤霉病发生发展的气象指标。2007年开始，气象部门开展了气象条件对赤霉病发生发展影响的理论研究和业务服务。本书编者在前人工作的基础上，着重围绕赤霉病气象指标、预报方法、业务系统三方面，归纳总结了近年来的最新研究成果。对于赤霉病发生发展气象指标，在已有自动气象站指标的基础上，还建立了更具代表性的农田小气候气象指标。对于赤霉病气象等级预报方法，主要阐述了三种方法：一是基于综合影响指数或促病指数进行赤霉病气象等级预报；二是基于机器学习算法建立预报模型，从而进行赤霉病气象等级预报；三是将遥感监测与统计方法相结合，对赤霉病进行估测。这三种预报方法各具代表性，也各有优势，在实际应用中，可以相互补充，可为赤霉病的适期防治提供强有力的技术支撑和服务。

本书可供农业气象业务人员、植物保护工作者、广大种植户、农业大专院校师生等参考使用。相信这本书会成为赤霉病研究工作者、监测和治理工作者的参谋和益友。

江苏省气象局局长 于波

2020年2月

序二

小麦赤霉病是我国小麦的重大流行性病害,在全国各地均有分布,长江中下游冬麦区为重发区,江淮和黄淮冬麦主产区为常发区。一般可减产1~2成,大流行年份减产5~6成,甚至绝收。小麦赤霉病是一种典型的气候型病害,其发生与流行主要取决于病害灾变过程的气象条件,过程温度、降水、湿度、光照、风等气象因子的变化,直接影响着病菌的生长、发育、繁殖、侵染和流行。因此,基于气象因子建立小麦赤霉病发生发展气象等级预报模型,提前进行病害发生流行程度预估,对小麦赤霉病科学防控与保障主粮安全意义重大。

编者依托多个科研项目的研究成果,系统总结了近年来小麦赤霉病气象等级预报和气象指标研究的新成果,并借鉴植保部门在赤霉病侵染规律和防控措施方面的成果,编写了《小麦赤霉病气象等级预报方法》一书。本书主要有三个特点:一是内容覆盖较全面。详细介绍了赤霉病流行规律、气象指标、预报方法、业务系统、防控对策,并提供了一些用于赤霉病预报分析的珍贵资料。二是创新应用新技术。创新应用机器学习算法,通过高维数据分类和回归,分阶段建立不同病穗率预报模型,大幅延伸了预报时效,显著提高了准确率;融合应用卫星遥感数据和气象观测资料,通过多因素协同,建立病情指数估测模型,实现了小麦赤霉病区域发病信息的空间直观化。三是方法实用。详细介绍了不同预报方法的技术思路和所需资料、不同预报模型的历史回代和试报检验、不同方法的比较分析等实用信息,便于广大读者能全面理解不同方法的特点。

本书主要是由从事小麦赤霉病预报预警服务的一线业务人员编写,相关技术成果已在国家级、省级等农业气象业务中应用推广。相信该书将会成为小麦赤霉病预报预警业务工作者和相关科研工作者的重要参谋和良师益友。

中国气象科学研究院 霍治国

2020年3月

前　　言

小麦赤霉病是威胁我国小麦产量和品质的主要病害,在小麦整个生长季节里赤霉病均可危害,受害后,麦粒变的皱缩干瘪,品质低劣,产量降低、种子出苗率低,并含有致呕毒素和类雌性毒素,可造成人畜中毒。小麦赤霉病属于典型的气象型病害,其流行程度在地区、年际间的差异和发生规律,不仅与菌源量、小麦生育期有关,更与气象条件密切相关,因此预测难度大。我国主栽小麦品种几乎均为感病品种,化学用药仍然是目前最好的防治措施,若在发病前抓住有利时机进行化学防治,则效果更佳,因此建立有效的赤霉病预报方法意义重大。

本书的总体思路是首先介绍赤霉病与气象条件的关系及侵染规律和发生程度分级等,其次给出赤霉病发生发展的判别指标,然后详细介绍了多种赤霉病气象等级预报方法,最后提供了绿色防控措施。总体围绕赤霉病流行规律、气象指标、预报方法、业务系统、防控对策展开。

全书共 8 章,其中第 3 章至第 6 章是本书重点,着重介绍了四类赤霉病气象等级预报方法。第 1 章主要介绍了赤霉病菌的侵染规律和危害症状、赤霉病与气象条件的关系及流行成灾原因、赤霉病发生程度分级标准等基本概况,并对近年来赤霉病气象等级预报方法进行了分类介绍;第 2 章介绍了基于自动气象站和农田小气候站分别建立赤霉病发生达标日指标和最适宜发生发展指标;第 3 章介绍了基于促病指数的赤霉病气象等级预报方法,促病指数为病害危害关键时段内促病暖湿日及其出现时间影响系数、连续出现时长影响系数的函数;第 4 章介绍了基于小麦抽穗扬花期累积雨日、平均相对湿度、平均气温对赤霉病发生流行的定量影响权重,构建综合影响指数并进行分级,利用数值预报,可开展赤霉病气象等级预测;第 5 章介绍了随机森林机器学习算法在赤霉病气象等级预报中的应用,通过分生育期、分区域定量评估影响病穗率的主要气象因子特征变量和贡献率,按不同起报时间建立预测模型,具有动态预测性能,能满足不同预报时效的需求;第 6 章是基于多源遥感数据对小麦进行长势动态监测,并结合大田实验数据,计算表征小麦长势信息的叶面积指数、地上部生物量和归一化植被指数,同时也考虑对赤霉病影响较大的小麦生境信息,运用多元线性回归,建立赤霉病估测模型;第 7 章介绍了赤霉病气象等级预报系统的设计思路和所用技术及业务应用;第 8 章介绍了小麦赤霉病绿色防控对策。

书中介绍的小麦赤霉病预报方法、气象指标和业务系统,均来自于近年来多项科研项目的研究成果,已在实际业务中进行了相关应用,切实可行。为了将研究成果也能被更多农业气象业务人员、科研工作者、植物保护工作者、广大种植户等参考使用,对研究成果进行了归纳、整理,编撰成书。书中难免有疏漏或欠缺之处,敬请读者批评指正,同时衷心感谢本书所引用的参考文献原作者和为本书做出贡献的同仁及专家。

编　者

2020 年 2 月

目 录

序一
序二
前言

第1章 小麦赤霉病概况介绍 (1)
1.1 小麦赤霉病发生概况 (1)
1.2 赤霉病菌的侵染循环规律与危害症状 (1)
1.3 小麦赤霉病与气象条件的关系 (2)
1.4 小麦赤霉病流行成灾原因 (3)
1.4.1 高产优质抗病品种缺乏 (3)
1.4.2 气候变化有利于病害流行 (3)
1.4.3 秸秆还田增加菌源积累 (3)
1.4.4 病菌抗药性发展迅速 (4)
1.4.5 赤霉病预防控制难度大 (4)
1.5 小麦赤霉病发生程度分级标准 (4)
1.6 小麦赤霉病气象等级预报方法概况 (5)

第2章 小麦赤霉病发生发展气象等级指标 (6)
2.1 小麦赤霉病农田小气候气象指标的确定 (6)
2.1.1 赤霉病发生发展农田小气候监测点的布设 (6)
2.1.2 影响小麦赤霉病发生发展的主要气象因子 (6)
2.1.3 小麦赤霉病农田小气候气象指标的确定 (7)
2.2 小麦赤霉病自动气象站指标的确定 (9)
2.2.1 作物层温湿度与自动气象站温度、湿度及风速的关系 (9)
2.2.2 小麦赤霉病发生达标日自动气象站指标的确定 (10)
2.2.3 小麦赤霉病发生达标日自动气象站指标的检验 (11)
2.3 建立湿热指数判别小麦赤霉病发生发展的气象等级 (12)
2.3.1 小麦赤霉病湿热指数的建立 (12)
2.3.2 小麦赤霉病湿热指数的回代检验 (13)
2.3.3 小麦赤霉病湿热指数的应用检验 (15)
2.3.4 小麦赤霉病关键生育期空间分布信息的提取 (16)

第3章 基于促病指数的小麦赤霉病等级预报法 ……………………………………… (22)
3.1 小麦赤霉病促病指数建立的技术路线 ………………………………………… (22)
3.2 促病指数预报模型建立方法 …………………………………………………… (22)
3.2.1 促病暖湿日的判断 ………………………………………………………… (22)
3.2.2 促病暖湿日出现时间的影响系数 ………………………………………… (23)
3.2.3 促病暖湿日连续出现的影响系数 ………………………………………… (23)
3.2.4 促病指数预报模型 ………………………………………………………… (24)
3.2.5 促病指数预报模型的回代检验 …………………………………………… (24)
3.3 利用促病指数预报小麦赤霉病气象等级的案例 ……………………………… (24)

第4章 基于综合影响指数的小麦赤霉病等级预报法 …………………………… (26)
4.1 资料介绍 ………………………………………………………………………… (26)
4.2 小麦赤霉病综合影响指数的构建方法 ………………………………………… (26)
4.2.1 小麦赤霉病不同发生程度下的气象条件平均状况 ……………………… (27)
4.2.2 小麦赤霉病关键气象影响因子的相关普查 ……………………………… (28)
4.2.3 小麦赤霉病关键气象影响因子的最终确定和权重赋值 ………………… (29)
4.2.4 小麦赤霉病综合影响指数的试报检验和回代检验 ……………………… (30)
4.3 基于综合影响指数反演出的赤霉病等级空间分布特征 ……………………… (33)

第5章 基于机器学习算法的小麦赤霉病等级预报法 …………………………… (37)
5.1 资料与预处理 …………………………………………………………………… (37)
5.2 基于随机森林算法建立赤霉病等级预报模型 ………………………………… (38)
5.2.1 随机森林算法基本原理 …………………………………………………… (38)
5.2.2 分生育期分区域重要特征变量的筛选与评价 …………………………… (39)
5.2.3 按不同起报时间建立病穗率预报模型 …………………………………… (41)
5.2.4 不同生育期重要特征变量贡献率评价 …………………………………… (44)
5.2.5 不同起报时间的最优随机森林模型的模拟验证 ………………………… (45)
5.3 基于随机森林算法反演出的赤霉病等级空间分布特征 ……………………… (45)

第6章 多因素协同的小麦赤霉病估测法 ………………………………………… (49)
6.1 估测思路 ………………………………………………………………………… (49)
6.2 地面实验和资料介绍 …………………………………………………………… (49)
6.3 小麦生物量模型介绍 …………………………………………………………… (51)
6.4 多因素协同建立小麦赤霉病估测模型 ………………………………………… (51)
6.4.1 叶面积指数反演 …………………………………………………………… (51)
6.4.2 生物量遥感估算和动态变化 ……………………………………………… (52)
6.4.3 基于多元线性回归建立赤霉病估测模型 ………………………………… (57)
6.4.4 基于BP神经网络建立赤霉病估测模型 ………………………………… (59)

6.4.5 两种赤霉病估测模型的比较……………………………………………(62)

第 7 章 小麦赤霉病气象等级预报系统 ………………………………………(64)

7.1 系统设计思路……………………………………………………………(64)

7.2 系统所用技术……………………………………………………………(64)

    7.2.1 Javascript 和 Google map javascriptapi 技术 ………………………(64)

    7.2.2 Python 和 QGIS python api 技术 ……………………………………(65)

    7.2.3 Java 技术 ………………………………………………………………(65)

    7.2.4 html＋CSS 技术 ………………………………………………………(66)

7.3 系统介绍…………………………………………………………………(66)

第 8 章 小麦赤霉病绿色防控对策 ……………………………………………(70)

8.1 绿色防控策略……………………………………………………………(70)

8.2 绿色防控措施……………………………………………………………(70)

    8.2.1 调整种植结构…………………………………………………………(70)

    8.2.2 推广抗耐病良种………………………………………………………(70)

    8.2.3 推进健身栽培…………………………………………………………(71)

    8.2.4 加强病情监测预警……………………………………………………(71)

    8.2.5 实施病害分区治理……………………………………………………(71)

    8.2.6 加强田间管理…………………………………………………………(71)

    8.2.7 强化赤霉病防控协作攻关……………………………………………(71)

    8.2.8 强化专业化统防统治…………………………………………………(72)

    8.2.9 优化化学防治策略……………………………………………………(72)

8.3 国内外小麦赤霉病防控研究进展………………………………………(73)

    8.3.1 小麦赤霉病育种………………………………………………………(73)

    8.3.2 赤霉病菌的致病和毒素合成调控……………………………………(74)

    8.3.3 "小麦—病菌—微生物菌群"三者互作 ………………………………(74)

参考文献 ………………………………………………………………………(75)

第1章 小麦赤霉病概况介绍

1.1 小麦赤霉病发生概况

小麦赤霉病是威胁中国小麦产量和品质的主要病害,通过真菌侵染使小麦致病(辛海峰 等,2013),在小麦整个生长季节里赤霉病均可危害,最常见的是穗腐。麦穗受害后,麦粒变得皱缩干瘪、品质低劣、产量降低、种子出苗率低,并含有致呕毒素和类雌性毒素,易导致人畜中毒。在中国、日本、东南亚、美国等主要粮食产区的赤霉病呈现增加趋势(陆维忠,2001)。20 世纪 90 年代以来,中国赤霉病的年发生面积均在 $4.15\times10^6\ hm^2$ 以上,中国东北春麦区、南方麦区、黄淮流域麦区、长江流域麦区均发生普遍,赤霉病已成为小麦生产可持续发展的重要影响因素之一(霍治国 等,1996)。长江中下游地区麦区赤霉病流行频率最高、发生程度最重,包括江苏、安徽、湖北和四川等省。2000 年以来,受小麦—玉米、小麦—水稻轮作和秸秆还田等耕作制度变化及极端天气气候事件的影响,中国主产麦区小麦赤霉病重发频率明显上升,2003 年、2012 年、2015 年、2016 年、2018 年均为偏重以上流行,给小麦产量和品质造成了严重影响(曾娟 等,2013;黄冲 等,2019)。

1.2 赤霉病菌的侵染循环规律与危害症状

霉病菌广泛存在于土壤中,既能侵害活的麦穗,也能利用土壤中植物的残体生长繁殖,如稻桩、棉花铃、玉米秆,甚至枯草等,作为它冬季、夏季的主要生活基质,其中,在稻麦连作区以稻桩上潜藏的病菌数量较多。待第二年春季温度上升,土壤湿度适宜,露出田面的稻桩则会陆续出现紫黑色小颗粒的子囊壳,当子囊孢子成熟后,随风飘落到麦穗上为害,即赤霉病菌初次侵染的来源。赤霉病菌最先侵染的部位主要是花药,其次为颖片内侧壁。空气中飞散的子囊孢子,落到正在扬花灌浆的麦穗上后,只要遇到有一定的水分和适宜的温度,就可发芽钻进麦穗组织,吸取养料、不断繁殖。一般经过 2~5 d 的潜育期,就能表现出病症,并在病穗上长出菌丝和大量的分生孢子(图 1.1)。这些分生孢子,如遇雨滴飞溅沾附健穗,可引起再次侵染。分生孢子和子囊孢子具有相同的侵染力。引起赤霉病流行的侵染以开花期一次侵染为主,分生孢子的再侵染只起加重侵染程度作用(刁春友 等,2006)。

赤霉病可以危害麦类的幼苗、茎秆和麦穗，苗期为害形成苗腐，拔节期形成茎基腐，其中以危害麦穗的损失最大。通常，一个麦穗的少数小穗先发病，然后迅速扩展到穗轴，从而影响养分和水分的正常输送，使上部其他小穗迅速枯死而不能结实，或形成干瘪籽粒。发病后期，在颖壳的合缝处和小穗基部出现粉红色胶质霉层（分生孢子）。当麦穗接近成熟时，如遇高温高湿，粉红色霉层处产生蓝黑色小颗粒（子囊壳）。受害籽粒皱缩、变小，表面有粉红色霉层。赤霉病对麦类的危害影响：一是减产，病害流行年份可减产 2～5 成；二是品质下降，出粉率低、种子发芽率下降、出苗率差；三是病麦含有毒素，人、畜吃后会中毒。

图 1.1　小麦赤霉病症状

1.3　小麦赤霉病与气象条件的关系

赤霉病属于典型的气象型病害，赤霉病菌生长、发育、繁殖、侵染和流行，与温度、湿度、光照、风等气象要素密切相关（张汉琳，1987；吴春艳 等，2003）。病菌生长发育需高温高湿条件，菌丝体发育起点温度为 3 ℃，最高温度为 35 ℃，适温为 22～28 ℃，最适温度为 25 ℃。分生孢子于 4～36 ℃时均可产生，适温为 25～28 ℃。子囊壳产生温度范围为 5～35 ℃，适温为 25～30 ℃条件下 2～3 d 即可形成。子囊和子囊孢子形成的温度范围为 12～30 ℃，在适温为 25～28 ℃时，经 5～10 d 即可形成并成熟。子囊孢子和分生孢子萌发温度范围为 4～35 ℃，在最适温度为 25～30 ℃时，经 4～8 h 可萌发率达 90%以上。子囊孢子在 10～15 ℃时，12～24 h 也可达 90%以上。子囊孢子在高湿度（相对湿度≥90%）、无水滴时也可萌发，而分生孢子必须在有水的条件下才能发育良好。不同地区或不同来源的赤霉病菌株对不同小麦的致病力有显著差异，可区分为强、中、弱三种类型，但这种致病力差异很不稳定。

同时，气象条件也影响小麦生长发育，进而影响赤霉病菌的易感生育期。大量研究认为：小麦赤霉病流行程度主要取决于抽穗扬花期的温度和湿度的适宜情况，在满足一定的温度条件下，若阴雨天气持续时间长，发病就重，反之则发生程度较轻

(Champeil et al.,2004;侯明生 等,2006;肖晶晶 等,2011)。随着气候变暖,抽穗扬花期累计雨日和相对湿度对赤霉病的影响权重增大,温度的影响权重相对减小(徐敏 等,2019)。此外,赤霉病流行程度与抽穗前的降水量关系密切(姜明波 等,2018),抽穗前若降水多,赤霉病菌子囊壳形成多,为赤霉病的流行创造了有利条件。赤霉病菌的流行规律大致可以分为三个阶段(贾金明,2002):秋末菌源体形成期(上年10月下旬至11月下旬),气象条件影响进入越冬期菌源量的多少;赤霉病菌越冬休止期(上年12月至当年2月或3月),气象条件影响着赤霉病菌的越冬存活率;赤霉病菌发育成熟期(当年4月至5月中旬),气象条件直接影响着赤霉病的发病与流行程度。由此可见,赤霉病菌生长到流行的整个过程都会受到气象因子的影响,不仅受同期气象因子影响,也受前期气象因子的影响。

1.4 小麦赤霉病流行成灾原因

当前,生产上缺乏高产优质抗病品种、抽穗扬花期高温高湿天气、秸秆还田以及迅速上升的病菌抗药性等因素均是导致赤霉病流行成灾的重要原因。

1.4.1 高产优质抗病品种缺乏

目前,除长江中下游麦区种植的"扬麦""宁麦""镇麦"等一些春性品种有一定的抗病性以外,大部分麦区种植的品种都缺乏抗病性。国家小麦产业技术体系病虫害防控功能研究室连续多年测定了我国2000多份小麦品种,发现90%为感病品种。河南、山东等地区的丰产品种对赤霉病都表现感病,存在"高产品种不抗病、抗病品种不高产"的问题。此外,"扬麦""宁麦"系列等品种虽有较好的抗性,但受生态型的限制在淮河以北地区不能种植。

1.4.2 气候变化有利于病害流行

受全球气候变暖、雨区北移影响,黄淮麦区小麦抽穗扬花期遇到连阴雨天气的概率明显增加。长江中下游、江淮稻麦轮作区,部分农民为优先保证水稻生产常常推迟小麦播种,使得小麦生育期不整齐。2015年江苏省扬州市调查发现,大面积小麦抽穗扬花期相差10 d以上,部分田块同一品种小麦生育进程相差3~5 d,导致小麦易感病生育期拉长,增加了抽穗扬花期遇高温、高湿天气的概率。此外,高产密植栽培导致田间密闭、寡照,雾霾和结露也增加了田间湿度,为病害流行成灾创造了有利条件。

1.4.3 秸秆还田增加菌源积累

小麦赤霉病菌腐生能力强、适合度高,在水稻、玉米等作物残体上能大量繁殖,来年成为病害的主要初侵染源。近年来,我国普遍实施的秸秆还田,赤霉病菌在土壤表层及表面未腐烂的秸秆上大量繁殖,为病害暴发流行提供了充足菌源。据安徽农业大学丁克坚等在安徽省太和县大面积调查中发现,玉米秸秆还田的地块中,小麦赤霉病的病穗率是未还田对照区的 2.78 倍。可见,秸秆还田导致赤霉病菌在田间积累,显著增加了初侵染源的菌量。

1.4.4 病菌抗药性发展迅速

多菌灵自 20 世纪 70 年代在我国实现产业化以来,一直是防治小麦赤霉病的主要药剂。由于 40 多年连续使用,目前在江苏、安徽、河南、浙江等多个省份出现了多菌灵抗性菌株,尤其是病害重发的江苏、安徽,多菌灵抗性问题发展迅速,抗药性菌株检出率急剧上升。国家小麦产业技术体系穗部病害防控团队系统监测发现,江苏省病菌初侵染源群体中,抗药性菌株平均检出率由 2008 年的 4.8% 上升 2016 年的 40.3%;安徽省抗药性菌株的平均检出率由 2009 年的 0.2% 上升至 2016 年的 13.3%,局部地区已达 90%。病菌抗药性快速发展,加大了病害防治难度,影响了病害防治效果,加重了毒素污染问题。

1.4.5 赤霉病预防控制难度大

多年研究和实践表明,小麦齐穗至扬花初期喷施药剂是预防控制赤霉病的最佳时期,一旦错过防治适期就会导致药剂防效大幅下降。目前,黄淮海麦区农民普遍缺乏主动预防意识,往往不见病不打药,下雨时又无法喷药,常常错过最佳防治时期。生产上,专业化统防统治虽然有一定的比例,但一家一户分散防治仍是主要形式,防控作业效率低、防治时期把握不准、药剂选择不当、用水量不足、喷雾质量不高等现象较为普遍,难以取得良好的防治效果。

1.5 小麦赤霉病发生程度分级标准

按照国家标准 GB/T 15796—2011《小麦赤霉病测报技术规范》规定的赤霉病发生程度分级指标,赤霉病的发生程度可分为 5 级,即 0 级(未发生)、1 级(轻发生,病穗率 0.1%~10.0%)、2 级(中等偏轻发生,病穗率 10.1%~20.0%)、3 级(中等发生,病穗率 20.1%~30.0%)、4 级(偏重发生,病穗率 30.1%~40.0%)、5 级(大发生,病穗率≥40.1%)。

所谓"病穗率"是指发病的小麦穗数占调查总穗数的比率。该数据由江苏省农业植保部门在不进行人为化学防治的麦田,按照国家标准 GB/T 15796—2011《小麦赤霉病测报技术规范》观测,在 5 月末计算得出。调查时间是从小麦抽穗始期开始,每日观察,始见病穗后,每 3 d 调查一次,至病情稳定为止;调查地点是选择当地一块系统调查田,面积不小于 $6.67×10^{-2}$ hm²,栽种当地代表性品种 2~3 个,其中必须有一个感病品种,分早、中、迟 3 个播期,播期间隔 10~15 d,每个品种种植面积不小于 $6.7×10^{-3}$ hm²,生长期均不喷杀菌剂防治;调查方法是在已发现病穗的田块随机固定 500 穗,然后调查病穗数。

若要表征赤霉病发生的普遍性和严重程度,则计算病情指数,公式如下:

$$I = \frac{\sum_{i=1}^{4}(h_i \times i)}{H \times 4} \times 100\% \tag{1.1}$$

式中，I 为病情指数；h_i 是各级严重程度对应的病穗数；i 是病情严重度各级值，病情严重程度共分为 5 级，0 级表示无病，1 级表示病小穗数占全部小穗的 1/4 以下，2 级表示病小穗数占全部小穗的 1/4～1/2，3 级表示病小穗数占全部小穗的 1/2～3/4，4 级表示病小穗数占全部小穗的 3/4 以上；H 是调查总穗数。

1.6 小麦赤霉病气象等级预报方法概况

为了科学指导化学防治，不少学者针对赤霉病指标的建立和预报模型的构建开展了一系列研究，赤霉病气象等级指标主要分为农田小气候指标和自动气象站指标；赤霉病气象等级预报方法主要有六种：(1)基于温度、降水、光照等气象要素，采用和、积、商等多种组合形式或各要素不同影响权重，构建湿热指数、促病指数、综合影响指数(徐云 等，2016；张旭晖 等，2009；徐敏 等，2019)，对赤霉病发生发展的气象等级进行预报，具有应用简便的特征，适用于业务服务；(2)通过机器学习算法，针对小麦不同生育期、不同种植区域，通过高维数据分类和回归，定量评估影响病穗率的主要气象因子特征变量，分阶段建立不同的预报模型，具有动态预测性能，能满足不同预报时效的需求；(3)融合应用卫星遥感数据和气象观测资料，通过多因素协同，基于叶面积指数、地上部生物量和归一化植被指数，建立赤霉病病情指数的估测模型(尹雯，2018)，能够直观地从空间上反映小麦赤霉病发病情况；(4)通过传统的统计方法，寻找气象因子与赤霉病病穗率之间的统计关系进行建模(姜明波 等，2018)；(5)利用太平洋海温和大气环流因子对局地气候影响的"滞后性"，通过膨化处理，找寻影响病穗率的最优因子，从而建立基于大尺度因子的赤霉病预报模型(高苹 等，2001；居为民 等，2001；吴春燕 等，2003)，具有预报时效长的特点，可提前 1 年进行预报；(6)利用最大熵谱建立赤霉病的分区预报模型，可解决不同资料长度的站点小麦赤霉病预报问题(霍治国 等，1996)。

赤霉病的预报内容包括：病害发生时间、流行程度、流行区域、潜在危害损失等。预报时效分为超长期预测、长期预测、中期预测、短期预测。超长期预报是指作出预测与病害发生之间的时间在 1 年以上，长期预报是指在小麦抽穗前 1～3 个月，中期预报是指在小麦抽穗前，时间距离 10～30 d，短期预报是指在小麦穗期，赤霉病防治行动前 3～10 d(或小麦大面积齐穗前 5～7 d)。

第 2 章　小麦赤霉病发生发展气象等级指标

2.1　小麦赤霉病农田小气候气象指标的确定

2.1.1　赤霉病发生发展农田小气候监测点的布设

近 10 年江苏省小麦种植面积维持在 2.10×10^6 hm² 左右,占全国小麦面积的 9%,位列全国第四,是最大的弱筋小麦主产省份,对中国小麦产业至关重要。江苏小麦赤霉病流行频率高,发生程度重,每年发生面积超过 6.7×10^5 hm²,是江苏省小麦威胁最大的病害。江苏省赤霉病具有 3 个特征:(1)田间菌源充足,各地稻桩子囊壳丛带菌率均远超大发生指标,且有逐年增加的趋势,沿江、里下河、沿淮部分地区高于 10%;(2)自然发病程度重,近年来小麦赤霉病每年均有自然发病重的田块,重发田块病穗率在 20% 以上,重发年份个别失治田块甚至造成绝收;(3)品种间发病程度差异大,江苏省各地主栽品种普遍易感赤霉病或耐病性较弱,特别是沿海、沿淮、里下河北部高感品种种植面积较大。

为有效确定小麦赤霉病发生发展的气象等级指标,2013—2014 年在江苏省 5 个农业生态区(太湖流域和东部地区、沿江地区、里下河和东部沿海地区、沿淮地区、宁镇扬丘陵地区)内的小麦种植区建立了 13 个农田小气候监测点,兼顾空间分布的均匀性和代表性,站点位置分别布设在张家港、金坛、通州、丹阳、高邮、仪征、靖江、东海、东台、丰县、洪泽、宜兴、兴化(图 2.1)。在这些站点进行小麦赤霉病病情系统消长动态监测的同时,还进行农田小气候同步观测试验。农田小气候观测站每天 24 h 不间断对试验点麦田的温度、湿度、降水、辐射等气象要素进行自动监测记录,尤其在小麦抽穗扬花期,对田间赤霉病发生发展气象条件进行跟踪观测。

2.1.2　影响小麦赤霉病发生发展的主要气象因子

以赤霉病病穗率观测值较长(1975—2014 年)的南通市作为分析样本,根据小麦抽穗扬花期间的日平均气温、日最高气温、日最低气温、日平均相对湿度、总降水量、降水日数、日照时数、风速等气象因子,利用相关分析法,计算各单一气象因子或多种气象要素的组合与赤霉病病穗率的相关关系,从而分析感病期各气象要素对赤霉病的诱发程度。

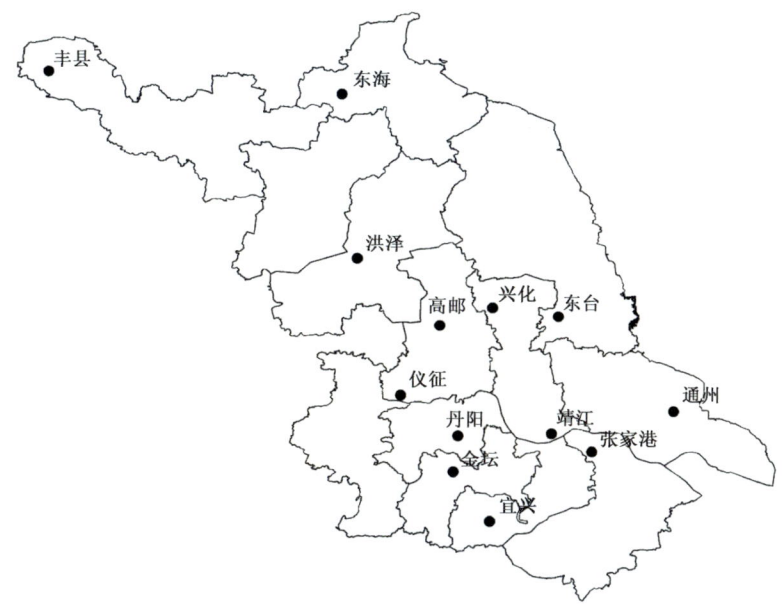

图 2.1 2013—2014 年布设的江苏省小麦赤霉病发生发展气象条件实时监测站点

分析结果表明,小麦抽穗扬花期间的日平均气温、日平均相对湿度与赤霉病流行的等级密切相关(表 2.1):其日平均气温与赤霉病病穗率的相关系数为 0.58,F 值为 19.54,稳定通过显著水平($\alpha=0.001$)统计信度检验;日平均相对湿度与赤霉病病穗率的相关系数为 0.65,F 值为 27.95,统计信度同样通过 $\alpha=0.001$ 显著水平的统计检验。

表 2.1 各气象要素与赤霉病病穗率相关系数

气象要素	日平均气温	日最高气温	日最低气温	日平均相对湿度	总降水量	降水日数	日照时数	风速
相关系数	0.58	0.27	0.25	0.65	0.20	0.24	0.29	0.26
F 值	19.54	6.97	5.23	27.95	4.10	4.89	7.87	6.03

因此,高温高湿天气与抽穗扬花期重叠是小麦赤霉病发生流行的重要致灾气象条件。

2.1.3 小麦赤霉病农田小气候气象指标的确定

利用 2013—2014 年江苏各小气候试验点整点监测的温湿度值(若整点数据缺失,则用最临近的非整点观测数据代替),计算该试验点的日平均温度、湿度。为使数据具有可比性,延续以往气象资料的取值办法,即以北京时间 20 时为日界,对北京时

02 时、08 时、14 时、20 时 4 个时次的观测值求平均得到某日的日均值。

根据小麦赤霉病始见病日至病情稳定期病情系统消长动态监测数据,分时段统计农田小气候日平均温度(Tc)与日平均相对湿度(RH)同时满足不同数值组合的出现频率,其中 $Tc \in [12,19]$(单位:℃)、$RH \in [60,85]$(单位:%),步长 δ 均取 1。

小麦赤霉病是典型的气候型病害,一般在抽穗扬花期和高温高湿气象条件下受侵染,至显症有 3~15 d 的潜伏期,因此选取了以病情系统消长动态监测日为始日,前推 3 d、5 d、7 d、10 d、15 d 这 5 种可能时段。应用枚举法,分别对每种时段内,小气候站气象条件同时满足不同 Tc 与 RH(其中 $Tc \in [12,19]$、$RH \in [60,85]$,$\delta=1$)共 208 种数值组合的出现频率,与赤霉病病穗率做相关分析,并进行显著性检验,找出适宜赤霉病发生发展的农田小气候温湿度条件。

以赤霉病病情系统消长动态监测日为始日,前推 3 d、5 d、7 d、10 d 这 4 种时段,所有 Tc 与 RH 不同组合的出现频率与赤霉病病穗率关系均不密切,全部组合均未通过 $\alpha=0.1$ 的显著性检验。而前推 15 d 时段中,部分 Tc 与 RH 组合的出现频率与赤霉病病穗率关系密切,表 2.2 和表 2.3 分别给出了 208 种数值组合中通过 $\alpha=0.1$、$\alpha=0.05$ 的显著性检验的统计结果,说明赤霉病菌从侵染到显症的潜伏期为 10~15 d。

表 2.2　病穗率与前 15 d 时段内农田小气候同时满足不同温湿度组合出现频率的相关系数

同时满足条件	$Tc \geqslant 14$ ℃ $RH \geqslant 61\%$	$Tc \geqslant 15$ ℃ $RH \geqslant 61\%$	$Tc \geqslant 16$ ℃ $RH \geqslant 61\%$	$Tc \geqslant 14$ ℃ $RH \geqslant 62\%$	$Tc \geqslant 15$ ℃ $RH \geqslant 62\%$	$Tc \geqslant 16$ ℃ $RH \geqslant 62\%$	$Tc \geqslant 15$ ℃ $RH \geqslant 63\%$
相关系数	0.28	0.35	0.31	0.29	0.36	0.32	0.31
同时满足条件	$Tc \geqslant 16$ ℃ $RH \geqslant 63\%$	$Tc \geqslant 15$ ℃ $RH \geqslant 64\%$	$Tc \geqslant 16$ ℃ $RH \geqslant 64\%$	$Tc \geqslant 14$ ℃ $RH \geqslant 65\%$	$Tc \geqslant 15$ ℃ $RH \geqslant 65\%$	$Tc \geqslant 16$ ℃ $RH \geqslant 65\%$	$Tc \geqslant 14$ ℃ $RH \geqslant 66\%$
相关系数	0.28	0.32	0.29	0.29	0.35	0.32	0.29
同时满足条件	$Tc \geqslant 15$ ℃ $RH \geqslant 66\%$	$Tc \geqslant 16$ ℃ $RH \geqslant 66\%$	$Tc \geqslant 15$ ℃ $RH \geqslant 67\%$	$Tc \geqslant 16$ ℃ $RH \geqslant 67\%$	$Tc \geqslant 15$ ℃ $RH \geqslant 68\%$	$Tc \geqslant 16$ ℃ $RH \geqslant 68\%$	$Tc \geqslant 16$ ℃ $RH \geqslant 80\%$
相关系数	0.35	0.32	0.28	0.32	0.28	0.32	0.29
同时满足条件	$Tc \geqslant 16$ ℃ $RH \geqslant 81\%$	$Tc \geqslant 18$ ℃ $RH \geqslant 81\%$	$Tc \geqslant 16$ ℃ $RH \geqslant 82\%$	$Tc \geqslant 17$ ℃ $RH \geqslant 82\%$	$Tc \geqslant 18$ ℃ $RH \geqslant 82\%$	$Tc \geqslant 16$ ℃ $RH \geqslant 83\%$	$Tc \geqslant 17$ ℃ $RH \geqslant 83\%$
相关系数	0.30	0.28	0.32	0.29	0.31	0.35	0.31
同时满足条件	$Tc \geqslant 18$ ℃ $RH \geqslant 83\%$	$Tc \geqslant 16$ ℃ $RH \geqslant 84\%$	$Tc \geqslant 17$ ℃ $RH \geqslant 84\%$	$Tc \geqslant 18$ ℃ $RH \geqslant 84\%$	$Tc \geqslant 16$ ℃ $RH \geqslant 85\%$		
相关系数	0.35	0.35	0.28	0.31	0.33		

表 2.3 病穗率与前 15 d 时段内农田小气候同时满足不同温湿度组合出现频率的相关系数

同时达到条件	$Tc\geqslant15$ ℃ $RH\geqslant61\%$	$Tc\geqslant15$ ℃ $RH\geqslant62\%$	$Tc\geqslant15$ ℃ $RH\geqslant65\%$	$Tc\geqslant15$ ℃ $RH\geqslant66\%$	$Tc\geqslant16$ ℃ $RH\geqslant83\%$	$Tc\geqslant18$ ℃ $RH\geqslant83\%$	$Tc\geqslant16$ ℃ $RH\geqslant84\%$	$Tc\geqslant16$ ℃ $RH\geqslant85\%$
相关系数	0.35	0.36	0.35	0.35	0.35	0.35	0.35	0.33

从表 2.2 和表 2.3 可以得出：病情系统消长动态监测日前推 15 d 时段内，农田小气候气象条件同时达到日平均气温 $Tc\geqslant14$ ℃、日平均相对湿度 $RH\geqslant61\%$，即为赤霉病发生达标日，其出现频率（达标日数与某时段总天数的比值）与赤霉病病穗率呈线性正相关，相关系数 $r=0.28$，$p=0.093324<0.1$，通过了 $\alpha=0.1$ 的显著性检验。其中，小气候气象条件同时达到日平均气温 $Tc\geqslant15$ ℃、日平均相对湿度 $RH\geqslant62\%$ 的出现频率与赤霉病病穗率关系最密切，相关系数 $r=0.36$，$p=0.032612<0.05$，通过了 $\alpha=0.05$ 的显著性检验。

因此，可以把农田小气候同时达到日平均气温 $Tc\geqslant14$ ℃、日平均相对湿度 $RH\geqslant61\%$ 的天气作为一个赤霉病发生达标日。农田小气候条件同时满足日平均气温 $Tc\geqslant15$ ℃、日平均相对湿度 $RH\geqslant62\%$ 的达标日最适宜小麦赤霉病发生发展。

2.2 小麦赤霉病自动气象站指标的确定

2.2.1 作物层温湿度与自动气象站温度、湿度及风速的关系

将农田小气候观测的作物层气象资料与同时段自动气象站气象要素观测值进行对比和回归分析，找出赤霉病发生达标日农田小气候指标所对应的自动气象站气象指标。

影响农田作物层温度、湿度的气候因素包括风速、气温、空气湿度等。针对 2013—2014 年小麦易感病关键期，利用江苏 5 个农田生态区 13 个试验监测点的农田小气候 24 h 整点观测的温度、湿度，以及同区域自动气象站定时温度、湿度、风速资料，进行相关分析（样本不考虑不同站点之间的差异性）。风速采用 2 min 定时风速，取 1 位小数。空气湿度采用相对湿度（U），即空气中实际水汽压与当时气温下的饱和水汽压之比，以百分数（%）表示，取整数。

结果表明：(1) 自动气象站温度与农田小气候温度呈高度正相关，相关系数为 0.96，拟合优度 R^2 为 0.923，非常接近于 1，说明拟合效果好（图 2.2）。p 值（Significance F）远小于 0.001，说明模型有极显著的统计学意义，通过了 $\alpha=0.001$ 的显著性检验。(2) 自动气象站湿度与农田小气候湿度呈高度正相关，相关系数为 0.94，通过了 $\alpha=0.001$ 的显著性检验（图 2.3）。(3) 自动气象站风速与农田小气候温度呈弱相关，相关系数为 0.30，通过了 $\alpha=0.05$ 的显著性检验，

自动气象站风速与农田小气候湿度的相关系数为 0.36,通过了 $\alpha=0.05$ 的显著性检验。

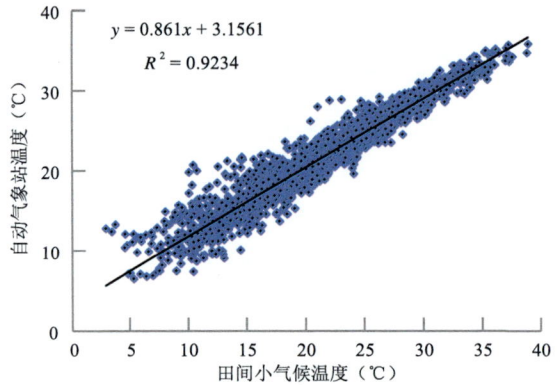

图 2.2　田间小气候观测温度与同区域自动站温度散点图分析

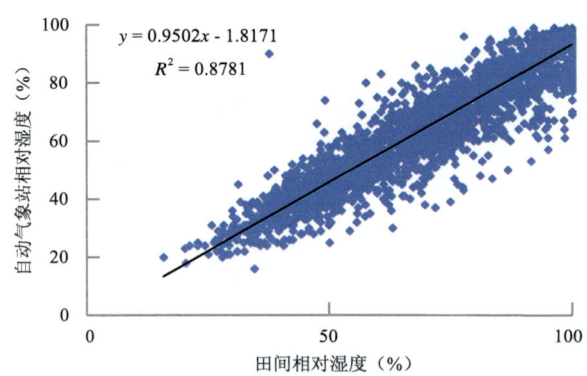

图 2.3　田间小气候观测湿度与同区域自动站湿度散点图分析

2.2.2　小麦赤霉病发生达标日自动气象站指标的确定

由于各气候因子之间关系复杂,可能存在相互作用,相关系数好不一定表明该要素是主要影响因子,为此,采用多元回归分析方法,通过 F 统计量检验各因子对农田小气候温湿度的方差贡献,来确定影响农田小气候的主要气象因子,建立自动气象站风速、气温、相对湿度与农田小气候风速、温度和相对湿度的标准化多元回归方程,计算出适宜赤霉病发生发展的自动气象站气象条件。

表 2.4 给出田间小气候温湿度多元回归各自变量回归效果的检验统计量。可以看出,风速对田间小气候温度、湿度的变化影响均较弱,可以忽略。

第 2 章　小麦赤霉病发生发展气象等级指标

表 2.4　田间小气候温度、湿度多元回归自变量回归效果检验统计量(F)

	自动气象站温度	自动气象站湿度	自动气象站风速
田间小气候温度	98.54*	——	2.69
田间小气候湿度	——	112.2*	2.81

注：信度为 0.05 的 $F_a=3.00$，大于或等于 3.00 的为方差贡献显著，用"*"表示。

据以上分析，最终建立的回归方程为：

$$T=0.861Tc+3.156 \qquad (2.1)$$
$$U=0.950RH-1.817 \qquad (2.2)$$

式中，Tc、RH 分别表示田间小气候温度、湿度；T、U 分别表示同区域自动气象站温度、湿度。

根据公式(2.1)、(2.2)，计算得到

当 $Tc=14$ ℃时，$T=15.2$ ℃；当 $RH=61\%$ 时，$U=56.1\%$；

当 $Tc=15$ ℃时，$T=16.1$ ℃；当 $RH=62\%$ 时，$U=57.1\%$。

即小麦赤霉病发生达标日的自动站气象条件为同时达到日平均气温 $T\geqslant15.2$ ℃、日平均相对湿度 $U\geqslant56.1\%$；最适宜小麦赤霉病发生发展的指标是自动气象站温湿度观测值同时满足日平均气温 $T\geqslant16.1$ ℃、日平均相对湿度 $U\geqslant57.1\%$。

2.2.3　小麦赤霉病发生达标日自动气象站指标的检验

赤霉病发生达标日的自动站气象条件为：同时达到日平均气温 $T\geqslant15.2$ ℃、日平均相对湿度 $U\geqslant56.1\%$。小麦易感病关键期内，满足此条件的日期记为达标日，某时段达标日的出现频率记为达标率。

按照上述标准，应用 2015 年 5 个生态区 13 个试验点的自动气象站温湿度资料，计算出赤霉病发生达标日出现频率(图 2.4)，即达标率(%)与 15 d 后监测的小麦病穗率(%)的散点图，从图中可以看出：(1)赤霉病发生达标日的出现频率与小麦病穗

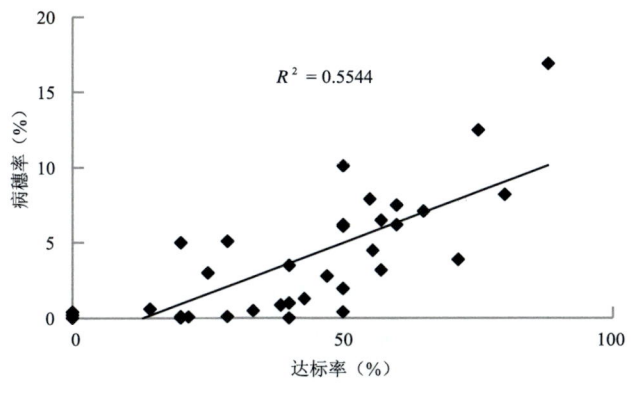

图 2.4　2015 年赤霉病发生达标率与小麦病穗率散点图

率存在正相关关系,达标率越高,小麦病穗率越多,两变量间相关系数 $r=0.74$。(2) $P=4.44\times10^{-7}<0.001$,说明模型有极显著的统计学意义,通过了 $\alpha=0.001$ 的显著性检验。

因此,把自动站气象条件同时达到日平均气温 $T\geqslant15.2\ ℃$、日平均相对湿度 $U\geqslant56.1\%$ 的日期作为赤霉病发生达标日具有较高的可信度。

2.3 建立湿热指数判别小麦赤霉病发生发展的气象等级

2.3.1 小麦赤霉病湿热指数的建立

小麦易感病关键期的天气状况对发病轻重起着决定性作用。自动站气象条件同时达到日平均气温 $T\geqslant16.1\ ℃$、日平均相对湿度 $U\geqslant57.1\%$ 的日期最适宜小麦赤霉病发生发展,但是影响程度与温湿度偏离状态密切相关。高温、高湿对赤霉病的诱发作用大,同时为了更方便地应用研究成果,利用该两要素,采用和、积、商等多种组合形式,进行反复计算,最终发现以其代数和形式构造的湿热指数,在判别小麦赤霉病发生流行的气象适宜性应用中效果最优。

湿热指数,其表达式为:

$$W=(\overline{(T-16.1)/T_0}+\overline{(U-57.1)/U_0})\times100 \quad (2.3)$$

式中,W 为某时段湿热指数,T 为对应时段内自动气象站日平均温度,T_0 为该地区某时段所处月份的累年平均温度,U 为对应时段内自动气象站日平均相对湿度,U_0 为该地区某时段所处月份的累年平均相对湿度。求平均时间段为 W 所对应的某时段。

利用 W 来判别小麦赤霉病发生流行的气象适宜性,还需要确定 W 的界限值。根据公式(2.3),计算 2013 年、2014 年 5 个生态区 13 个站点各时段的 W 值,与病情系统消长动态监测的 15 d 后相应时段内赤霉病病穗率增加量(某时段末日监测的病穗率与首日病穗率之差)进行统计分析(图 2.5)。

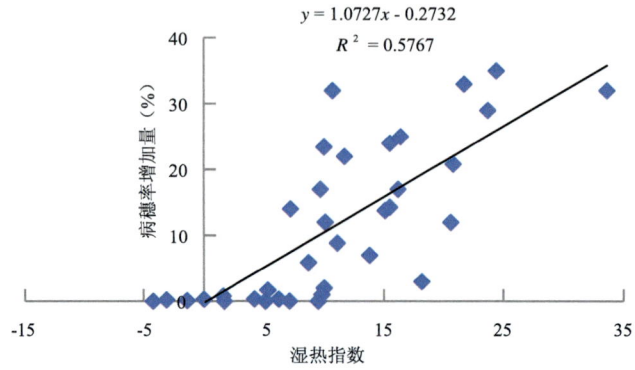

图 2.5 各时段湿热指数与赤霉病病穗率增加量散点图

由图 2.5 得到线性拟合模型：

$$S = 1.0727W - 0.273 \quad (2.4)$$

式中，S 为某时段赤霉病病穗率增加量（%）（某时段末日监测的病穗率与首日病穗率之差），W 为 15 d 前对应时段的湿热指数值。对方程回归系数的显著性检验，$P<0.001$，达到了极显著水平。

利用方程(2.4)，得到 $W=9.6$ 时，$S=10\%$；$W=18.9$ 时，$S=20\%$；$W=28.3$ 时，$S=30\%$。即：当湿热指数 $W<9.6$ 时，15 d 后小麦赤霉病病穗率增加小于 10%，赤霉病发生发展的气象适宜性等级为 1 级；当 $9.6 \leqslant W<18.9$ 时，15 d 后小麦赤霉病病穗率增加量为 10%~20%，赤霉病发生发展的气象适宜性等级为 2 级；当 $18.9 \leqslant W<28.3$ 时，15 d 后小麦赤霉病病穗率增加量为 20%~30%，赤霉病发生发展的气象适宜性等级为 3 级；当湿热指数 $W \geqslant 28.3$ 时，15 d 后小麦赤霉病病穗率增加将超过 30%，气象条件对赤霉病的发展非常适宜，赤霉病发生发展的气象适宜性等级为 4 级。

实际应用中，一般从小麦抽穗扬花期开始，根据气象要素的实况值计算 W，判别前期气象条件是否适宜赤霉病发生发展；应用欧洲中期天气预报中心(ECMWF)细网格(0.25°×0.25°)数值预报、T639 等中、短期数值预报产品，预测未来几天的温度和空气相对湿度，计算 W，判别赤霉病发生发展的气象适宜性等级，对赤霉病发生发展进行动态监测预报，使农户科学防治赤霉病，减少防治成本。

2.3.2 小麦赤霉病湿热指数的回代检验

2003 年江苏省小麦赤霉病发生较重，2004 年、2008 年江苏省小麦赤霉病发生程度中等至轻度，因此选取计算了 2003 年、2004 年、2008 年 6 个站点：洪泽（沿淮地区）、东台（里下河及东部沿海地区）、通州和金坛（沿江及苏南地区）、仪征（宁镇扬丘陵地区）、宜兴（太湖周边地区）的湿热指数，检验其动态判别赤霉病发生发展的气象条件适宜性等级的准确率。从表 2.5~2.7 可以看出，2003 年判别结果与实际相符的有 15 例，错误 4 例，判别准确率为 78.9%；2004 年判别结果与实际相符的有 9 例，错误 1 例，判别准确率为 90.0%；2008 年判别结果与实际相符的有 8 例，错误 2 例，判别准确率为 80.0%。

表 2.5　2003 年湿热指数动态判别小麦赤霉病气象条件适宜性回代检验

站点	时段	W	气象条件适宜性等级	预测 15 d 后病穗率增加(%)	实际病穗率增加(%)	预测正确性
洪泽	4 月 20—25 日	-2.7	1	<10	3.4	+
	4 月 26—30 日	16.2	2	10~20	18.2	+
	5 月 1—5 日	18.1	2	10~20	13.4	+
	5 月 6—10 日	25.1	3	20~30	45.2	-

续表

站点	时段	W	气象条件适宜性等级	预测15 d后病穗率增加(%)	实际病穗率增加(%)	预测正确性
东台	4月16—19日	11.1	2	10～20	3.0	－
东台	4月20—25日	1.6	1	<10	6.0	＋
东台	4月26—30日	17.7	2	10～20	20.0	＋
东台	5月1—5日	19.0	3	20～30	21.0	＋
东台	5月6—10日	13.8	2	10～20	5.0	－
通州	4月18—23日	22.9	3	20～30	27.0	＋
通州	4月24—26日	－11.1	1	<10	7.6	＋
通州	4月27—29日	20.8	3	20～30	21.6	＋
通州	4月30日至5月5日	15.5	2	10～20	15.4	＋
金坛	4月16—22日	23.7	3	20～30	21.0	＋
金坛	4月23—27日	－7.1	1	<10	7.0	＋
金坛	4月28日至5月4日	18.7	2	10～20	18.0	＋
金坛	5月5—7日	11.1	2	10～20	2.5	－
仪征	4月19—30日	30.7	4	>30	48.5	＋
宜兴	4月18日至5月2日	19.2	3	20～30	28.5	＋

表2.6　2004年湿热指数动态判别小麦赤霉病气象条件适宜性回代检验

站点	时段	W	气象条件适宜性等级	预测15 d后病穗率增加(%)	实际病穗率增加(%)	预测正确性
洪泽	5月1—5日	7.2	1	<10	0.8	＋
洪泽	5月6—10日	－4.2	1	<10	0.6	＋
东台	4月28日至5月2日	4.2	1	<10	1.2	＋
东台	5月3—5日	11.7	2	10～20	1.3	－
东台	5月6—10日	－1.4	1	<10	0.3	＋
通州	4月20—28日	15.1	2	10～20	10.4	＋
通州	4月29日至5月2日	9.5	1	<10	8.0	＋
金坛	4月19—28日	8.5	1	<10	0.4	＋
金坛	4月29日至5月9日	5.3	1	<10	0.2	＋
仪征	4月8—25日	－7.3	1	<10	1.0	＋

表 2.7　2008 年湿热指数动态判别小麦赤霉病气象条件适宜性回代检验

站点	时段	W	气象条件适宜性等级	预测 15 d 后病穗率增加（%）	实际病穗率增加（%）	预测正确性
洪泽	4 月 30 日至 5 月 5 日	8.1	1	<10	0.2	+
	5 月 6—9 日	14.4	2	10—20	0.4	−
东台	4 月 20—25 日	5.2	1	<10	1.4	+
	4 月 26—29 日	−12.0	1	<10	3.5	+
	4 月 30 日至 5 月 5 日	16.4	2	10—20	8.3	+
通州	4 月 22—27 日	5.1	1	<10	3.5	+
	4 月 28 日至 5 月 2 日	1.7	1	<10	7.5	+
金坛	4 月 19—25 日	7.1	1	<10	2.8	+
	4 月 26 日至 5 月 3 日	0.0	1	<10	4.2	+
宜兴	4 月 23—30 日	−0.1	1	<10	1.6	+

注："＋"代表判别正确；"−"代表判别错误。

2.3.3　小麦赤霉病湿热指数的应用检验

表 2.8 为 2015 年应用湿热指数动态判别江苏省小麦赤霉病气象条件适宜性检验结果，判别结果与实际相符的有 24 例，错误 6 例，判别准确率为 80.0%。

由此可见，应用湿热指数动态判别赤霉病发生发展的气象适宜性等级效果较好。

表 2.8　2015 年应用湿热指数动态判别小麦赤霉病气象条件适宜性检验结果

生态区	站点	时段	W	气象条件适宜性等级	预测病穗率增加（%）	实际病穗率增加（%）	预测正确性
沿淮及淮北地区	洪泽	4 月 17—19 日	8.9	1	<10	3.0	+
		4 月 20—25 日	8.5	1	<10	1.0	+
		4 月 26—30 日	9.4	1	<10	7.0	+
		5 月 1—5 日	13.6	2	10～20	7.5	−
		5 月 6—10 日	14.3	2	10～20	12.5	+
	丰县	4 月 26 日至 5 月 2 日	4.3	1	<10	0.6	+
		5 月 3—9 日	8.2	1	<10	0.1	+

续表

生态区	站点	时段	W	气象条件适宜性等级	预测病穗率增加（%）	实际病穗率增加（%）	预测正确性
里下河及东部沿海地区	东台	4月25—29日	8.4	1	<10	0.4	＋
		4月30日至5月5日	13.7	2	10～20	1.4	－
		5月6—10日	9.4	1	<10	0	＋
	兴化	4月20—24日	−0.3	1	<10	0.4	＋
		4月25—27日	6.0	1	<10	2.0	＋
		4月28日至5月1日	16.2	2	10～20	10.1	＋
		5月2—5日	12.8	2	10～20	6.1	＋
		5月6—9日	5.7	1	<10	6.2	＋
宁镇扬丘陵地区	靖江	4月10—14日	−2.1	1	<10	0.2	＋
		4月15—20日	1.7	1	<10	0	＋
		4月21日至5月5日	8.9	1	<10	0.1	＋
		5月6—9日	4.7	1	<10	3.5	＋
	丹阳	4月19—25日	4.7	1	<10	1.3	＋
		4月26日至5月3日	14.1	2	10～20	16.9	＋
		5月4—10日	10.9	2	10～20	7.8	－
沿江东部及苏南地区	金坛	4月5—19日	0.6	1	<10	0.1	＋
		4月20—28日	8.2	1	<10	4.5	＋
	张家港	4月10—14日	−0.6	1	<10	0.01	＋
		4月15—19日	9.8	2	10～20	0.02	－
		4月20—26日	3.6	1	<10	0.14	＋
		4月27日至5月9日	7.5	1	<10	0.87	＋
太湖周边地区	宜兴	4月21—28日	2.8	1	<10	1.31	＋
		4月29日至5月2日	17.1	2	10～20	0.79	－

2.3.4　小麦赤霉病关键生育期空间分布信息的提取

（1）基础数据

①覆盖江苏全省的 MODIS MOD09Q1 反射率产品，每年共 46 期数据产品。

②江苏省行政边界数据及土地利用数据。

③江苏省冬小麦分布区的盱眙、淮安、滨海、沭阳、徐州和赣榆 6 个农业气象站点的 2009—2010 年冬小麦生育期统计资料。

(2)数据处理

对 MODIS 反射率数据进行以下处理：

①使用 NASA 提供的 MRT(MODIS Reprojection Tools)软件对下载的数据进行拼接、投影转换和格式转换。

②利用江苏省行政边界数据对转换后的影像进行裁剪处理；使用土地利用数据中的种植农业空间数据层进行掩膜处理。

③根据 MODIS 反射率数据计算 NDVI。

④对生成的 NDVI 数据采用 Savizky－Golay 方法进行平滑移除大气和云等噪声的影响，以提高 NDVI 数据精度。

(3)NDVI 数据拟合

分别利用非对称性高斯函数和双 Logistic 函数对 NDVI 时序数据进行拟合，比较这两种方法模拟冬小麦生长过程的效果。拟合时首先要寻找冬小麦对应 NDVI 时序曲线上的极大值和极小值，然后用局部模型函数拟合极大值和极小值间的数据。局部模型函数的通用形式为：

$$f(t) \equiv f(t;c,x) = c_1 + c_2 g(t;x) \tag{2.5}$$

式中，线性参数 $c=(c_1,c_2)$ 决定时序曲线的基线和振幅，非线性参数 $x=(x_1,x_2,\cdots,x_p)$ 决定基函数 $g(t;x)$ 的形状。这两个参数可通过使用 Levenberg-Marquardt 算法多次迭代求得。对于非对称高斯函数来说 p 为 5，其函数形式为：

$$g(t;x_1,x_2,\cdots,x_5) = \begin{cases} \exp\left[-\left(\dfrac{t-x_1}{x_2}\right)^{x_3}\right] & (t>x_1) \\ \exp\left[-\left(\dfrac{x_1-t}{x_4}\right)^{x_5}\right] & (t<x_1) \end{cases} \tag{2.6}$$

式中，x_1 是极大值或极小值所对应的变量 t 的位置参数，x_2 和 x_3 决定极大值右半部函数的宽度和平整度。相应地，x_4 和 x_5 决定极大值左半部函数的宽度和平整度。对于双 Logistic 函数来说 p 为 4，其基函数形式为：

$$g(t;x_1,\cdots,x_4) = \dfrac{1}{1+\exp\left(\dfrac{x_1-t}{x_2}\right)} - \dfrac{1}{1+\exp\left(\dfrac{x_3-t}{x_4}\right)} \tag{2.7}$$

式中，x_1 决定左边拐点的位置，x_2 是该拐点的变化率；相应地，x_3 决定右边拐点的位置，x_4 是该点的变化率。

(4)冬小麦物候期提取

在分别利用非对称高斯函数和双 Logistic 函数对滤波后时序 NDVI 进行拟合后，采用动态阈值法提取冬小麦的返青期和成熟期(时间范围覆盖第 33～169 d)。根据已有研究，选择 20% 的阈值进行返青期和成熟期的监测，即在 NDVI 时序曲线的上升阶段，当 NDVI 值增加到最大值的 20% 时对应的时间为冬小麦的返青期开始时间；在 NDVI 时序曲线的下降阶段，当 NDVI 值减小到最大值的 20% 时对应的时间为冬小麦的成熟期开始时间;当 NDVI 时序曲线值达到最大的时间点为抽穗期开始时间。

(5)冬小麦物候期监测结果的验证

利用收集的江苏省冬小麦分布区的盱眙、淮安、滨海、沭阳、徐州和赣榆 6 个农业气象站点的 2009—2010 年冬小麦生育期统计资料对遥感监测结果进行验证。为了评价利用 MODIS 数据提取冬小麦关键物候期的准确性,研究假设气象台站观测数据为真值,分别采用最大误差、最小误差、平均误差及均方根误差(Root Mean Squared Error,RMSE)来反映物候期提取的精度,以说明研究提取结果的可靠性。其中,均方根误差(RMSE)的计算公式为:

$$RMSE = \sqrt{\frac{1}{n}\sum_{i=1}^{n}(d_i - d'_i)^2} \qquad (2.8)$$

式中,d_i 为利用 MODIS NDVI 数据提取的物候期,d'_i 为观测的物候期,n 为样本数。

(6)冬小麦关键物候期遥感制图

图 2.6~2.8 分别为采用非对称高斯函数和双 Logistic 函数拟合并利用动态阈值法得到的 2010 年江苏省冬小麦返青期开始时间、抽穗期开始时间和成熟期开始时间的空间分布。总体来看,基于两种拟合方法提取的物候期结果相似:返青期大多数开始于第 49 d 之前,即 2 月 18 日之前;抽穗期大多开始于第 105~113 d,即 4 月 15—23 日;成熟期大多开始于第 145~161 d,即 5 月 25 日至 6 月 10 日。在空间分布上,研究区冬小麦返青期开始时间并没有随着纬度的变化而发生规律性的改变,大部分地区冬小麦开始返青的时间较集中,但在阜宁县和建湖县的大部分地区以及滨海县西南部和海门市东部地区返青期开始的时间较其他冬小麦区晚。抽穗期开始时间和成熟期开始时间的空间分布总体上表现出从南到北逐渐推迟的趋势。苏南地区

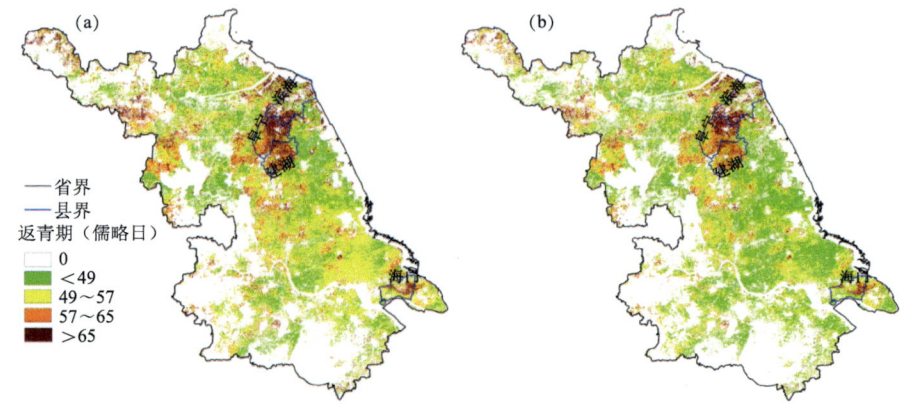

图 2.6 基于两种拟合方法提取的 2010 年江苏省冬小麦返青期开始时间分布
(a)非对称高斯函数拟合;(b)双 Logistic 函数拟合

抽穗期大多开始于第 105 d 之前，成熟期大多开始于第 153 d 之前。苏中地区抽穗期大多开始于第 113 d 之前，成熟期大多开始于第 145～161 d。苏北地区抽穗期大多开始于第 113 d 之后，成熟期大多开始于第 153 d 之后。但抽穗期和成熟期开始最晚的地区却没有集中在研究区的北部，在响水县和滨海县的大部分地区以及阜宁县北部、海门市东部和启东市北部地区抽穗期较其他地区开始的晚，在泗洪县北部、阜宁县西南部、楚州区东部以及涟水县西北部地区成熟期开始的时间比其他地区较晚。

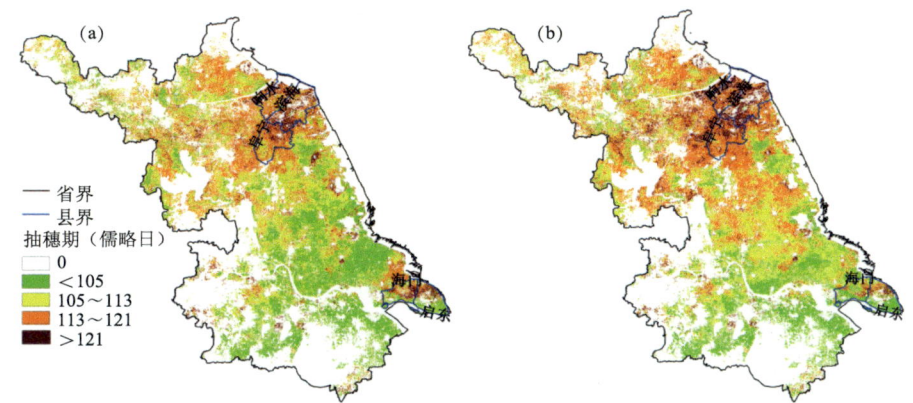

图 2.7　基于两种拟合方法提取的 2010 年江苏省冬小麦抽穗期开始时间分布
(a)非对称高斯函数拟合；(b)双 Logistic 函数拟合

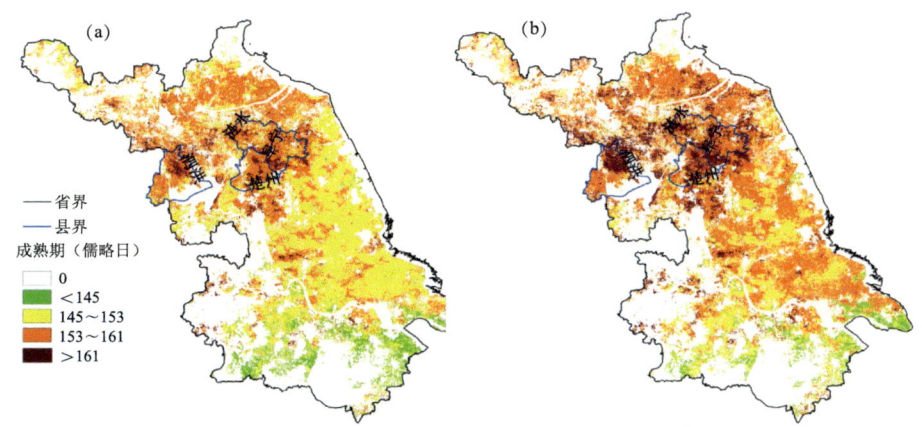

图 2.8　基于两种拟合方法提取的 2010 年江苏省冬小麦成熟期开始时间分布
(a)非对称高斯函数拟合；(b)双 Logistic 函数拟合

(7)冬小麦关键物候期遥感反演结果验证

表 2.9、图 2.9 是采用非对称高斯函数和双 Logistic 函数分别拟合 NDVI 时序数据进而采用动态阈值法估算的不同站点物候期与气象站观测统计日期的比较。可

以看出,遥感估算值与气象台站观测值比较基本上都落在误差为±8 d的边界线与1∶1线之间。基于非对称高斯函数拟合提取的物候期误差超过±8 d的样本数为:返青期为1个(16.7%),抽穗期为2个(33.3%),成熟期为1个(16.7%);基于双Logistic函数拟合提取的物候期误差超过±8 d的样本数为:返青期为1个(16.7%),抽穗期为1个(16.7%),成熟期为1个(16.7%)。这表明对于本研究使用的每8 d遥感数据的时间分辨率来说,提取物候期的方法是可行的。

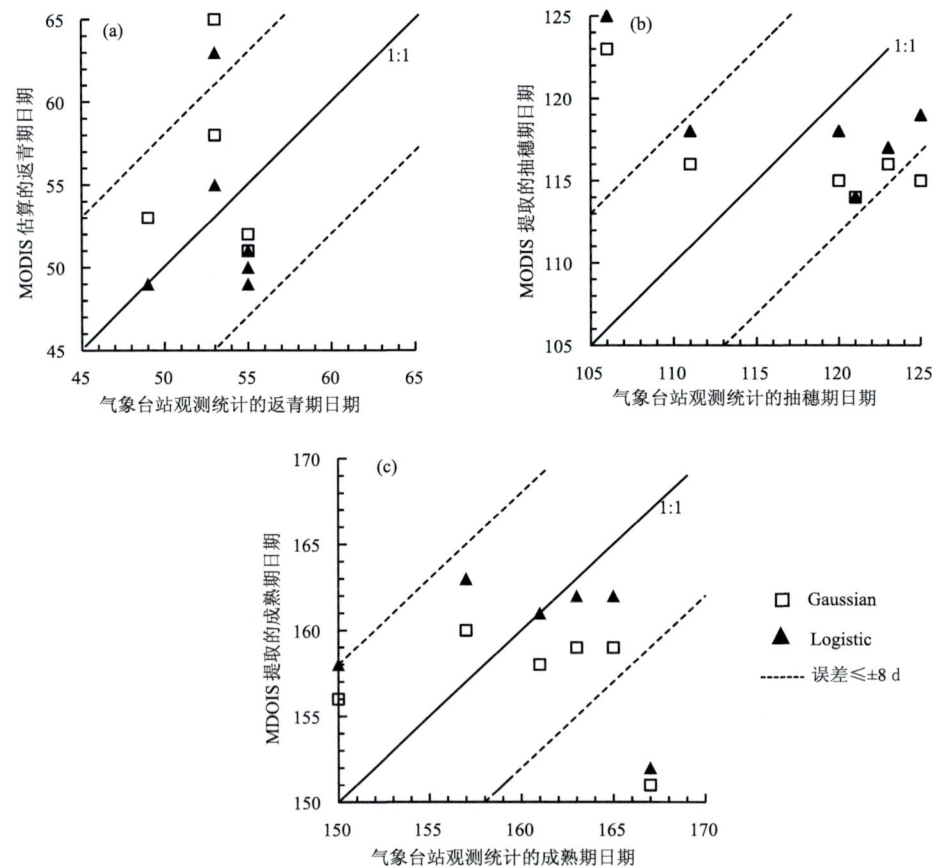

图2.9　MODIS数据提取的物候期与观测统计值的比较

表2.9　估测物候期与统计日期的对比　　　　　　　　　　　　　　　　单位:d

样点	返青期			抽穗期			成熟期		
	统计日期	Gaussian 监测日期	Logistic 监测日期	统计日期	Gaussian 监测日期	Logistic 监测日期	统计日期	Gaussian 监测日期	Logistic 监测日期
盱眙	55	52	51	120	115	118	150	156	158
淮安	55	51	49	111	116	118	157	160	163

续表

样点	返青期			抽穗期			成熟期		
	统计日期	Gaussian监测日期	Logistic监测日期	统计日期	Gaussian监测日期	Logistic监测日期	统计日期	Gaussian监测日期	Logistic监测日期
滨海	53	65	63	106	123	125	165	159	162
沭阳	55	51	50	125	115	119	161	158	161
徐州	49	53	49	121	114	114	163	159	162
赣榆	53	58	55	123	116	117	167	151	152

表 2.10 是利用 4 种指标评价提取结果精度的情况,可以看出,基于两种模型拟合进而提取的物候期结果没有明显的差异,基于双 Logistic 函数拟合提取的结果精度稍好于基于非对称高斯函数拟合提取的结果。基于两种拟合模型提取的物候期最大误差≤19 d,最小误差为 0 d,平均误差≤8.50 d。基于非对称高斯模型拟合得到的抽穗期结果 RMSE 最大,为 9.46,返青期 RMSE 最小,为 6.14。基于双 Logistic 函数拟合得到的抽穗期结果 RMSE 最大,为 9.44,返青期结果 RMSE 最小,为 5.49。

表 2.10 物候期提取结果精度评价   单位:d

评价指标	返青期		抽穗期		成熟期	
	Gaussian	Logistic	Gaussian	Logistic	Gaussian	Logistic
最大误差	12	10	17	19	16	15
最小误差	3	0	5	2	3	0
平均误差	5.33	4.50	8.50	7.83	6.33	5.50
RMSE	6.14	5.49	9.46	9.44	7.77	7.47

综上所述,利用非对称高斯函数和双 Logistic 函数拟合 NDVI 时序数据并采用动态阈值法得到的物候期结果大致接近,并且具有一定的可靠性。

第3章 基于促病指数的小麦赤霉病等级预报法

3.1 小麦赤霉病促病指数建立的技术路线

促病指数预报模型主要针对细菌和真菌在适宜环境条件下短时间内以无性繁殖方式迅速增殖,进而侵害生物有机体而建立的预报模型。其气象预报重点关注对产量影响较大的关键时段,也是病菌侵染迅猛阶段的促病气象条件。在预报技术方法上,通过以日为单位的气象条件适宜达标单元,判断气象条件促进或抑制病害侵染流行的累积效应。这类模型主要适用于小麦赤霉病气象等级预报模型。

一般情况下,温暖潮湿的天气气候条件利于各种作物病害的发生发展,因此,首先通过判断逐日温度、湿度等气象条件是否达到病菌生理活动适宜的暖湿条件,如果达到则记为促病暖湿日,并以促病暖湿日作为预报因子;其次,在危害关键时段内暖湿日连续出现会极大地促使病菌侵染繁殖,因此根据促病暖湿日连续出现的天数、促病暖湿日与病害影响作物产量形成关键时段的吻合程度确定促病指数预报模型的影响系数;最后根据历史病害发生程度与促病指数之间的相关性确定病害发生发展气象等级分级指标(适宜、较适宜和不适宜)。促病指数预报模型技术路线如图 3.1。

3.2 促病指数预报模型建立方法

3.2.1 促病暖湿日的判断

如前所述,温暖潮湿的天气气候条件利于作物病害的发生发展,并且研究表明温暖潮湿的天数与一部分病害的发生蔓延具有较好的正相关关系,因此,采用出现促病暖湿日作为这类病害发生发展的预报变量,通过计算其对病害侵染流行的累积效应——促病指数,进而判断气象条件对病害发生发展的影响程度。

对于不同的病原微生物促使其发生发展的促病暖湿日的判断标准不同,但一般以适宜病菌各种生理活动的温度、空气相对湿度、降水等为主要表达特征;此外,光照条件偏弱也有利于病菌的侵染和繁殖。病菌各种生理活动对气象条件的需求多来源于对病菌生物学研究的相关文献,并且不同的作物种植区域各种病原微生物的生理气象指标略有不同。例如,江淮地区多以日平均气温≥15 ℃、相对湿度≥85% 作为

第 3 章 基于促病指数的小麦赤霉病等级预报法

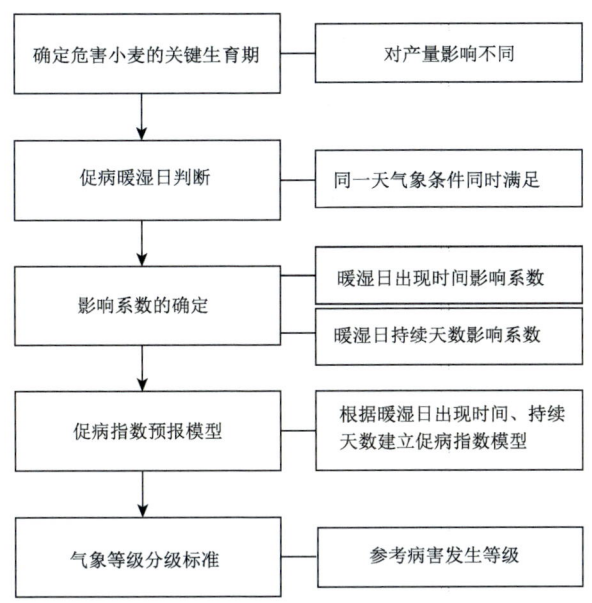

图 3.1 促病指数预报模型技术路线

小麦赤霉病诱发的促病暖湿日标准,而在四川盆地平坝麦区小麦赤霉病促病暖湿日的判断标准为日平均气温≥12 ℃、日照为 0、日平均空气相对湿度≥85%。

3.2.2 促病暖湿日出现时间的影响系数

一般情况下,在作物产量形成关键时段感染病害对作物产量影响最大,由此判断当促病暖湿日出现在作物产量形成关键时段时对病害及其危害的诱发作用影响要大于其他时段。小麦赤霉病在小麦整个生长季节里均可危害,但在抽穗扬花期侵染对产量影响最大,因此抽穗扬花期间出现暖湿日对病害发生发展及后续对产量的影响要大于其他时段。为此,在建立模型的时候集中选取在抽穗扬花期出现的促病暖湿日作为预报因子。

有更进一步的研究表明,暖湿日出现时间与病害影响作物产量形成关键时段的吻合程度越高,对病害发生发展以及对作物产量的影响越大。在小麦整个抽穗扬花期的较长时段内,各时间段赤霉病侵染致病的程度不一,其中抽穗扬花盛期感病对产量影响大于在抽穗扬花始期和末期,相应地促病暖湿日出现在抽穗扬花盛期对病害的诱发作用影响要比在抽穗扬花始期和末期大,病害发展后对产量的影响也更大,因此可以根据相关研究和数理计算方法将促病暖湿日出现时间的影响系数进行厘定。

3.2.3 促病暖湿日连续出现的影响系数

促病暖湿日连续出现表明病害发生发展所需要的气象条件在较长时段内都能够得到满足,将会极大地促进病害的发生发展,并且这种影响会随着连续时间越长而成非线性的增长,因此可以通过专家打分法、数值试验法等数理统计方法得出促病暖湿日连续出现的影响系数。

3.2.4 促病指数预报模型

$$Z = \sum_{i=1}^{n} C_i A_i D_i \tag{3.1}$$

促病指数 Z 为病害危害关键时段内促病暖湿日 D_i 及其出现时间影响系数 A_i、连续出现时长影响系数 C_i 的函数。其中 D_i 为判断第 i 日是否为促病暖湿日,若是取 $D_i=1$,否则 $D_i=0$;A_i 为第 i 个暖湿日出现时间对促病指数的影响系数,可以认为时段内每个暖湿日出现都具有相同的作用和影响,取值为 1,也可以根据暖湿日在病害危害关键时段内出现时间不同作用和影响不同而率定影响系数;C_i 为第 i 个暖湿日持续出现对促病指数的影响系数,一般情况下持续时间越长影响越大。

促病指数计算出了暖湿日出现对病害侵染流行的累积效应,是促病气象条件的评判,然后需要根据农业部门建立的病情指数(病穗率)历史序列资料,划分气象条件适宜、较适宜和不适宜病害发生发展的促病指数取值范围。

3.2.5 促病指数预报模型的回代检验

促病指数预报模型的回代检验包括站点历史回代检验和空间回代检验两部分。

历史回代检验:选择典型代表站,利用历史气象资料计算各站每年的促病指数并判断气象条件适宜程度等级。根据气象条件适宜程度等级与病害发生发展等级的吻合程度来判定,准确率计算方法如下:

$$预报准确率 = \frac{预报与实际相符站个数}{实际发生相应级别站个数} \times 100\% \tag{3.2}$$

空间回代检验:选取病害大发生年和轻发生年,利用预报区域内所有气象站点大发生年和轻发生年气象资料,计算促病指数并判断气象条件适宜程度等级。根据区域气象条件适宜程度等级与病害发生发展的实况来判定。

需要注意的是,农业部门病情等级资料一般划分为 5 级。气象条件分级划分一般为 3 级,在检验的时候要兼顾病情指数历时资料以及病情等级资料。

3.3 利用促病指数预报小麦赤霉病气象等级的案例

(1)促病暖湿日判断

小麦赤霉病是适温、高湿条件下发生的病害,发病的气象条件为日平均气温在 15 ℃以上,3 d 以上连续阴雨或连续大雾或相对湿度在 85%~90%。因此,将日平均气温≥15 ℃、相对湿度≥85% 的天气作为适宜赤霉病发生天气,记为促病暖湿日 D_i。研究表明,小麦生长季内累计暖湿日总和与赤霉病发生的相关性通过 0.001 的显著性检验,相关系数为 0.52。

第 3 章 基于促病指数的小麦赤霉病等级预报法

（2）促病指数影响系数的确定

在小麦抽穗扬花期赤霉病感病时，促病暖湿日对赤霉病的影响程度与其出现的时间及持续的天数密切相关。抽穗开花盛期的一个促病暖湿日对赤霉病的诱发作用明显高于抽穗开花初期和末期；同时，促病暖湿日连续出现的时间越长，对赤霉病的诱发作用越大。为此，定义了促病暖湿日出现时间的影响系数和促病暖湿日连续出现的影响系数。

促病暖湿日出现时间的影响系数 A_i 计算方法如下：

$$A_i = \frac{(\frac{1}{\sqrt{2\pi}\sigma})e^{-(i-\mu)^2/(2\sigma^2)}}{\sum_{i=1}^{n}(\frac{1}{\sqrt{2\pi}\sigma})e^{-(i-\mu)^2/(2\sigma^2)}} \tag{3.3}$$

其中，i 为小麦抽穗扬花期内的日期序号，n 是抽穗扬花期的总天数，μ 和 σ 分别为 i 的均值和方差。江淮地区冬小麦一般在 4 月下旬和 5 月上旬抽穗扬花，因此 i 的取值为 4 月 21 日等于 1，4 月 22 日等于 2，以此类推，直到 5 月 10 日等于 20。表 3.1 为抽穗扬花期逐日促病暖湿日对赤霉病诱发的影响系数，表 3.2 为促病暖湿日持续出现对赤霉病诱发的影响系数，这两个系数根据最优化技术二维寻优的变量轮换原理同时确定，先固定 A_i 取值，逐步调整 C_i，使得赤霉病流行程度的理论值与实况值逼近，再固定 C_i 值，逐步调整 A_i，如此反复迭代，最终确定 $\sigma=7$。

表 3.1 抽穗扬花期逐日促病暖湿日对赤霉病诱发的影响系数 A_i

日期	30/4 1/5	29/4 2/5	28/4 3/5	27/4 4/5	26/4 5/5	25/4 6/5	24/4 7/5	23/4 8/5	22/4 9/5	21/4 10/5
影响系数 A_i	0.067	0.066	0.0636	0.0596	0.055	0.0495	0.044	0.038	0.0328	0.027

表 3.2 促病暖湿日持续出现对赤霉病诱发影响系数 C_i

持续天数	1	2	3	≥4
影响系数 C_i	1.0	1.5	2.0	3.0

（3）赤霉病气象等级分级标准

通过江淮地区赤霉病促病指数与小麦赤霉病发生程度（病穗率、发生面积等）建立分级指标，确定江淮地区小麦赤霉病促病指数分级标准，见表 3.3。

表 3.3 江淮地区小麦赤霉病促病指数分级标准

赤霉病发生发展气象条件	促病指数 Z 值	发生发展气象等级
适宜	≥1.25	高
基本适宜	0.45～1.24	较高
不适宜	0～0.44	低

第4章 基于综合影响指数的小麦赤霉病等级预报法

4.1 资料介绍

小麦生育期观测资料：来自于 2002—2017 年江苏省 10 个农业气象观测站的《作物生长发育状况记录年报表》，站点分别为昆山、沭阳、大丰、如皋、兴化、淮安、盱眙、滨海、赣榆、徐州。

小麦赤霉病病穗率数据：来自于江苏省农业部门，对系统田观测所得，"系统田"是指不进行人为化学防治的田块，数据涵盖了 13 个市，时间尺度为 2002—2017 年；另外还收集了 1997—2013 年盐城建湖县、1995—2014 年盐城阜宁县、1982—2018 年南通通州区小麦病穗率资料。

气象资料：来自于江苏省气象局，2002—2017 年苏州、无锡、常州、南通、镇江、南京、扬州、泰州、盐城、淮安、宿迁、徐州、连云港 13 个市逐日降水量、天气现象、相对湿度、日照时数、平均风速、平均气温，以及 1997—2013 年盐城建湖县、1995—2014 年盐城阜宁县、1982—2018 年南通通州区的逐日天气现象、相对湿度、平均气温。

4.2 小麦赤霉病综合影响指数的构建方法

总体思路：首先对收集到的小麦赤霉病病穗率资料进行分类整理，其次确定抽穗扬花期的具体时间段，然后利用合成分析法（施能 等，1997）分析抽穗扬花期在不同发病程度下的气象条件，并计算各气象因子与病穗率之间的相关性，利用相关普查和灰色关联法（刘思峰 等，2010），筛选出关键气象影响因子，并对各关键气象因子的影响程度进行权重赋值，最后构建小麦赤霉病的综合影响指数。

分类整理小麦赤霉病病穗率资料：不考虑区域差异，2002—2017 年全省 13 个市的历年小麦赤霉病病穗率样本共 208 个，按照国家标准 GB/T 15796—2011《小麦赤霉病测报技术规范》中规定的赤霉病发生程度分级指标，将赤霉病的发生程度分为 5 级，即 0 级（未发生）、1 级（轻发生，病穗率 0.1%～10%）、2 级（偏轻发生，病穗率 10%～20%）、3 级（中等发生，病穗率 20%～30%）、4 级（偏重发生，病穗率 30%～40%）、5 级（大发生，病穗率 40% 以上）。

确定小麦抽穗扬花期的具体时间段：抽穗扬花期是赤霉病感病的关键期，因此其具体时间段的确定非常重要。基于2002—2017年江苏省10个农业气象观测站的小麦生育期观测资料,对不同年份的生育期起止时间进行平均处理,考虑到江苏省南北纬跨度较大,因此以淮河灌溉总渠和长江为界线分为三个区域,以平均日期划分各区域抽穗扬花期的起止时间,最终确定苏南地区、江淮之间、淮北地区的平均抽穗扬花期为:4月上旬至4月中旬、4月中旬至4月下旬、4月下旬至5月上旬。

分析小麦抽穗扬花期在不同发病程度下的气象条件:利用合成分析法,统计赤霉病各等级对应的累积降水量、累积雨日、平均相对湿度、平均日照时数、平均风速、平均气温、降水持续3 d或以上的雨日总数,得到赤霉病不同发病程度下的气象条件平均状况。

关键气象影响因子的筛选和权重赋值方法:首先对不同程度下的病穗率与各气象因子的相关性进行普查,初步筛选出相关性较高的因子,然后利用灰色关联法(公式4.1)确定关键气象影响因子及其权重,该方法是对系统动态过程的发展态势进行量化比较分析,利用因子间的几何接近,诊断和确定因子对系统主体行为的影响程度,即关联性大小。灰色关联法的基本特征是:对样本数量多寡没有严格要求,不要求序列数据必须符合严格的正态分布,不会产生与定性分析大相径庭的结论,计算便捷。由于覆盖全省且时间序列较完整的小麦病穗率观测数据非常有限,若想通过有限站点有限时间内的病穗率数据来研究不同气象因子对赤霉病不同发生程度的影响权重,则通过灰色关联分析方法是可行的。

$$RR_i = \frac{1}{m}\sum_{j=1}^{m}\frac{\min_i\min_j|x_0(j)-x_i(j)|+\rho\max_i\max_j|x_0(j)-x_i(j)|}{|x_0(j)-x_i(j)|+\rho\max_i\max_j|x_0(j)-x_i(j)|} \quad (4.1)$$

式中,$x_0(j)$为参考序列第j年的值,$x_i(j)$是指第i类比较序列第j年的值,m表示总年数。$\rho\in(0,1)$为分辨系数,是为了削弱两极最大差数值太大造成的失真,从而提高关联系数之间的差异显著性,一般取值为0.5。RR_i为灰色关联度,该值越大说明参考序列和比较序列的关联程度越大,反之越小。

4.2.1 小麦赤霉病不同发生程度下的气象条件平均状况

已有研究表明:抽穗扬花期,温度、湿度、光照、风对赤霉病的发生流行均有影响,其中高温、高湿是左右赤霉病流行的主导因素(张汉琳,1987),该天气条件有利于病菌孢子释放、侵染;小麦抽穗后的降雨次数,是赤霉病发生的致命环境因素;雨日条件下,小麦抽穗后20 d或30 d内日照时数与赤霉病发病率呈极显著负相关(曹祥康等,1994);风的大小和方向会影响局部环流,引起温度和湿度等的改变(叶彩玲 等,2005)。因此,在初步选择赤霉病的气象影响因子时,围绕湿度、温度、光照、风等4大类要素共选择了7项因子。在2002—2017年赤霉病0~5级的不同发生程度下,抽穗扬花期的平均气象条件是(表4.1):当赤霉病发生程度达3~5级时,累积降水量达48.5~54.6 mm,累积雨日6.9~8.5 d,平均相对湿度70.7%~73.2%,平均日照时数 5.4～6.2 h、平均风速 2.5～2.6 m·s^{-1}、平均气温 16.1～16.9 ℃、降水连续≥3 d 的雨日总数 3.9～5.0 d。对于累积降水量、累积雨日、平均相对湿度、平均日照时数、降水连续≥3 d 的雨日总数 5 项因子随着病穗率的等级增高其值也在逐步增加，但平均风速和平均气温在赤霉病不同发生程度下的差异很小，风速差异小主要是由于抽穗扬花期内日平均风速通常不大，即使有短时间的大风天气被平均后数值也会较小，对于平均气温差异小是因为气温只要符合一定条件，均可能导致赤霉病不同级别的发生。

表 4.1　2002—2017 年江苏省小麦赤霉病不同发生程度下的气象条件平均状况

病穗率等级	累积降水量（mm）	累积雨日（d）	平均相对湿度（%）	平均日照时数（h）	平均风速（m·s^{-1}）	平均气温（℃）	降水连续≥3 d 的雨日总数（d）
0	27.5	5.9	65.5	6.8	2.7	16.6	2.3
1	31.6	5.8	62.9	8.0	2.5	18.7	1.8
2	39.1	6.9	70.4	6.4	2.8	17.2	3.3
3	54.6	6.9	70.7	5.4	2.5	16.1	3.9
4	53.1	8.5	71.1	5.6	2.5	16.5	5.0
5	48.5	7.4	73.2	6.2	2.6	16.9	4.8

4.2.2　小麦赤霉病关键气象影响因子的相关普查

从 2002—2017 年江苏省各地小麦赤霉病病穗率与各气象因子的相关系数来看（表 4.2）：平均相对湿度与病穗率的相关性最高，呈显著的正相关，13 个地市中有 7 个市的相关系数通过了 0.05 的显著性检验；累积降水量、累积雨日、降水连续≥3 d 的雨日总数与病穗率均呈正相关，相关程度稍弱于平均相对湿度；平均日照时数与病穗率呈反相关，与曹祥康等（1994）的研究结论一致，但仅有 3 个市通过显著性检验；平均风速和平均气温与病穗率的相关性较弱。因此，经相关性普查后，保留平均相对湿度、累积降水量、累积雨日、降水连续≥3 d 的雨日总数、平均气温为赤霉病关键气象影响因子的筛选对象，之所以仍保留平均气温，是因为它是赤霉病发生流行的必要条件，尽管近年来气温条件基本都满足，但为了构建的赤霉病综合影响指数今后也能适用，因此继续保留。

表 4.2　2002—2017 年江苏省各地小麦赤霉病病穗率与各气象因子的相关系数

地区	累积降水量（mm）	累积雨日（d）	平均相对湿度（%）	平均日照时数（h）	平均风速（m·s^{-1}）	平均气温（℃）	降水连续≥3 d 的雨日总数（d）
苏州	0.658*	0.396	0.516*	−0.342	0.029	0.318	0.263
无锡	0.215	0.622*	0.497*	−0.496*	0.451	0.022	0.678*

续表

地区	累积降水量 (mm)	累积雨日 (d)	平均相对湿度(%)	平均日照时数(h)	平均风速 (m·s^{-1})	平均气温 (℃)	降水连续≥3 d的雨日总数(d)
常州	0.542*	0.342	0.514*	−0.329	−0.180	0.454	0.209
南通	0.608*	0.491*	0.562*	−0.486*	−0.322	−0.031	0.575*
镇江	0.252	0.469*	0.662*	−0.384	0.092	−0.023	0.528*
南京	0.170	0.394	0.334	−0.315	−0.232	0.169	0.178
扬州	0.101	0.234	0.094	−0.231	−0.405	0.228	0.390
泰州	0.258	0.100	0.548*	−0.306	−0.135	−0.031	0.263
盐城	0.608*	0.616*	0.712*	−0.666*	0.083	0.295	0.640*
淮安	0.167	0.273	0.365	−0.041	−0.503*	0.161	0.289
宿迁	0.049	−0.036	−0.075	0.112	−0.001	0.179	0.041
徐州	0.436	0.059	0.245	0.029	−0.613*	0.093	0.032
连云港	0.169	0.030	0.229	−0.103	−0.185	0.044	0.140

注：带*号的值表示通过 0.05 的显著性检验。

4.2.3 小麦赤霉病关键气象影响因子的最终确定和权重赋值

将平均相对湿度、累积降水量、累积雨日、降水连续≥3 d 的雨日总数、平均气温 5 项因子进行不同组合，分别计算病穗率与气象因子的灰色关联度，由于当赤霉病达 3 级或以上时对小麦的生长和品质才具有比较大的影响，所以文中仅考虑 3 级或以上等级时的定量影响，另外，由于病穗率数据有限，为了尽量避免计算出的关联度的偶然性，文中将 13 个市的病穗率等级及其对应的气象条件，按照不同等级统一分类计算。不同组合下得到的同一项因子的灰色关联度和权重有差异，由于累积降水量、累积雨日、降水连续≥3 d 的雨日总数均属于降水类因子，若都作为赤霉病的关键影响因子，则具有重复性，因此考虑不同组合下不同因子的灰色关联度的稳定性，以及日常业务中的实用性，最终确定累计雨日、平均相对湿度、平均气温为影响赤霉病的关键气象影响因子。

灰色关联度值 RR 越大表示气象因子对病穗率的影响作用越强，贡献作用越显著，反之亦然。通常，当 $0<RR\leqslant0.30$ 时，关联度为轻；当 $0.30<RR\leqslant0.60$ 时，关联度为中等；当 $0.60<RR\leqslant1.0$ 时，关联度为强。从表 4.3 可知，2002—2017 年江苏省小麦赤霉病达中等及以上程度时，累积雨日与病穗率的关联度值均在 0.619 以上，说明累积雨日对病穗率的作用显著；平均相对湿度与病穗率的关联度值在 0.581～0.683，说明平均相对湿度对病穗率的作用为中等到显著，以显著为主；平均气温与病穗率的关联度值在 0.518～0.672，说明平均气温对病穗率的作用同样是中等到显著，但以中等为主。通过某因子的关联度与 3 个关键气象因子关联度之和的比值，来

确定关键气象因子对赤霉病不同发生程度的定量影响(表 4.4),结果表明:当赤霉病达 3 级或 4 级时,累积雨日和平均相对湿度对病穗率的影响权重均大于平均气温;当赤霉病达 5 级时,累积雨日和平均相对湿度对病穗率的影响权重均小于平均气温;从平均状况来看,累积雨日、平均相对湿度、平均气温对病穗率的平均影响权重分别为 0.348、0.340、0.312,即雨湿条件较气温条件更重要。

表 4.3 2002—2017 年江苏省小麦赤霉病达中等及以上程度时
病穗率与关键气象因子的灰色关联度

病穗率等级	累积雨日	平均相对湿度	平均气温
3	0.619	0.682	0.594
4	0.749	0.683	0.518
5	0.628	0.581	0.672

表 4.4 2002—2017 年江苏省小麦赤霉病达中等及以上程度时关键气象因子的影响权重

病穗率等级	累积雨日	平均相对湿度	平均气温
3	0.327	0.360	0.314
4	0.384	0.350	0.266
5	0.334	0.309	0.357
平均	0.348	0.340	0.312

基于小麦抽穗扬花期累积雨日、平均相对湿度、平均气温对赤霉病发生发展的定量影响权重,构建综合影响指数,具体构建公式如下:

$$Z = aR_d + bH + cT \tag{4.2}$$

式中,Z 是小麦赤霉病综合影响指数,a、b、c 分别为 R_d(累积雨日)、H(平均相对湿度)、T(平均气温)对病穗率的影响权重,分别为 0.348、0.340、0.312;当 R_d、H、T 越大,则 Z 越大,表明赤霉病发生程度越严重。

4.2.4 小麦赤霉病综合影响指数的试报检验和回代检验

(1)小麦赤霉病综合影响指数的试报检验

利用盐城建湖县(1997—2013 年)、阜宁县(1995—2014 年)和南通通州区(1982—2018 年)较长时间尺度的病穗率资料进行独立样本检验,与各地相应时段内的综合影响指数进行对比分析,若相关系数通过显著性检验,则认为构建的综合影响指数具有一定的可靠性;另外通过回代计算 2002—2017 年江苏 13 个市的小麦赤霉病历年综合影响指数,与实际的病穗率时间序列进行对比,若时间变化特征较为一致,则认为建立的综合影响指数具有可行性。

长时间序列的系统田病穗率资料非常稀少,只能利用现收集到的盐城建湖县(1997—2013 年)、阜宁县(1995—2014 年)和南通通州区(1982—2018 年)三地的病

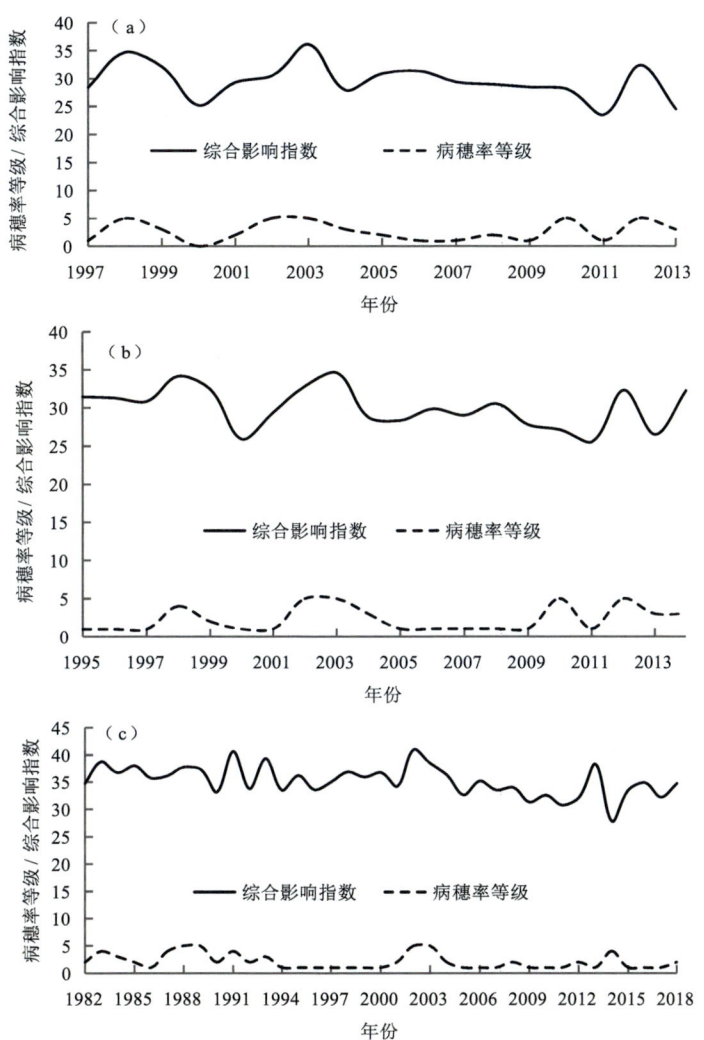

图 4.1 系统田综合影响指数与病穗率等级
(a)1997—2013 年盐城建湖县;(b)1995—2014 年盐城阜宁县;
(c)1982—2018 年南通通州区

穗率资料对综合影响指数进行验证。按照公式(4.2)计算以上三地历年来的综合影响指数,与对应的病穗率等级进行对照,如果两者间具备较好的对应关系,则说明构建的综合影响指数对赤霉病发生程度具备较好的指示意义。从图 4.1 可以看出:综合影响指数与病穗率等级的时间变化特征基本一致,两者具有较好的对应关系,其中1998 年、2003 年、2012 年、2015 年、2016 年为综合影响指数的高值年,对应的赤霉病发生程度均达 3 级或以上,说明高综合影响指数对应高病穗率等级,反之亦然;通州区、建湖县、阜宁县综合影响指数与病穗率等级相关系数分别达 0.468、0.570、0.430,分别通过了 0.005、0.01、0.05 的显著性检验。另外,从年际变化来看,2010 年以来的赤霉病的严重程度有所增加,这与陈永明等(2015)的研究结论"近年来江苏东部麦区赤霉病流行频率增加,发生危害程度加重"相一致。

(2)小麦赤霉病综合影响指数的回代检验

按照公式(4.2)计算 2002—2017 年江苏省 13 个市的综合影响指数,与实际的小麦赤霉病病穗率进行对比,即通过历史回代进行验证。2002—2017 年江苏省各地系统田赤霉病的历年病穗率和综合影响指数具有较好的对应关系,挑选盐城、镇江、南通、苏州四地赤霉病发生相对较重的地区进行对比(图 4.2),四地病穗率与综合影响指数的相关系数分别达 0.633、0.656、0.557、0.543,盐城和镇江的相关系数通过了 0.01 的显著性检验,南通和苏州的相关系数通过了 0.02 的显著性检验。2003 年、2012 年、2015 年、2016 年四地赤霉病病穗率都在 20% 以上,为近 16 年来赤霉病发病最严重的年份,基本对应着高综合影响指数;2004—2009 年和 2011 年各地病穗率均在 20% 以下,发生程度较轻,基本对应低综合影响指数。

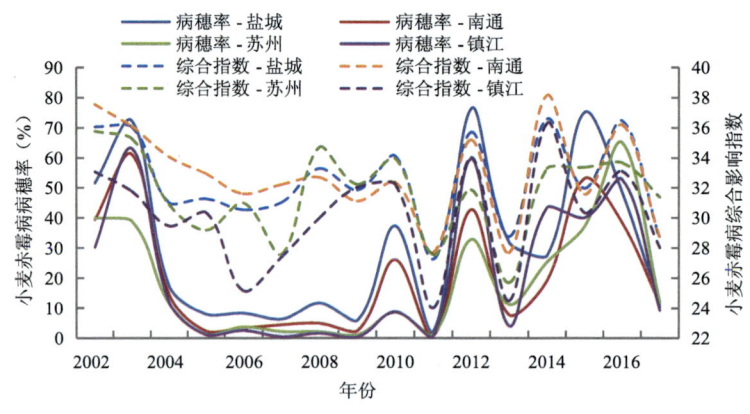

图 4.2　2002—2017 年盐城、南通、镇江、苏州系统田
小麦赤霉病病穗率与综合影响指数

2010 年以来,江苏省小麦赤霉病发生严重的频次有所增加以及东部沿海发生尤为严重的变化特征,可能跟气候变暖有关。经统计,1961—2017 年,江苏 4—5 月全省平均气温呈现显著的增加趋势(图 4.3),线性倾向率达 0.4 ℃ · 10 a^{-1},2012 年以来增温最显著;2012—2017 年江苏省各地的多年平均气温一致偏高(与 1981—2010 年的气候态相比),偏高幅度主要集中在 0.5~0.8 ℃,其中 2016—2017 年偏高最为明显,东部沿海地区的年平均气温距平均超过了 1 ℃;2012—2017 年江苏淮河以南地区的多年平均降水距平百分率均为正值(与 1981—2010 年的气候态相比),总体偏多 10%~30%、局部偏多 40%~50%,其中 2016 年偏多最为显著,淮河以南大部分

地区偏多 60%～80%。由此可见,2010 年以来,江苏的气温呈现显著的增加趋势,尤其东部沿海地区增温最显著;降水偏多,特别是 2016 年偏多最明显,与 2016 年为赤霉病大发生年相对应。

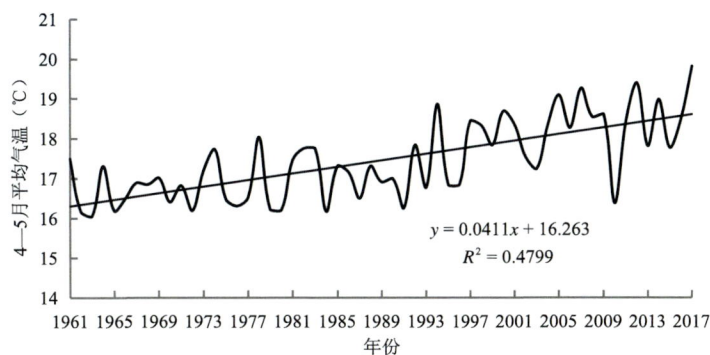

图 4.3　1961—2017 年江苏 4—5 月全省平均气温

4.3　基于综合影响指数反演出的赤霉病等级空间分布特征

为了在业务中更具实用性,利用百分位法(吴敏金,1990;徐敏 等,2018)对综合影响指数进行等级划分,临界值参照近 16 年小麦赤霉病发生程度为 0 级、1 级、2 级、3 级、4 级、5 级出现的概率来确定。计算 2002—2017 年江苏省 13 个市的历年综合影响指数,按照综合影响指数等级指标划分赤霉病等级,与实际的赤霉病等级进行对照,以此验证综合影响指数的等级指标。

利用百分位法划分综合影响指数的等级,临界值参照近 16 年小麦赤霉病发生程度为 0 级、1 级、2 级、3 级、4 级、5 级出现的概率来确定,出现概率分别为 8.6%、44.7%、15.9%、7.2%、5.8%、17.8%,即赤霉病发生程度达中等以下的概率占 7 成,其中"轻发生"的概率最大;发生程度达中等及以上的概率占 3 成,其中"大发生"的概率最大。具体等级指标见表 4.5,以此确定 13 个市 208 个样本的赤霉病等级,与实际

表 4.5　2002—2017 年江苏省小麦赤霉病综合影响指数等级指标

赤霉病等级	综合影响指数
0(未发生)	$Z \leqslant 26.21$
1(轻发生)	$26.21 < Z \leqslant 31.28$
2(偏轻发生)	$31.28 < Z \leqslant 32.60$
3(中等发生)	$32.60 < Z \leqslant 33.30$
4(偏重发生)	$33.30 < Z \leqslant 34.0$
5(大发生)	> 34.0

的赤霉病等级进行对照,发现:经综合影响指数判定的赤霉病等级与实际等级完全一致的样本占43%,偏差1级的占29%,偏差2~5级的共占28%。存在误差的主要原因是:气象条件是赤霉病发生发展的必要条件,并不是充分条件;赤霉病的发生等级除受抽穗扬花期的湿度、降水持续时间、温度等的影响外,还与菌源量、品种、复种指数、施肥水平、浇灌条件等相关(肖晶晶 等,2011)。

基于小麦赤霉病综合影响指数等级指标,统计2002—2017年江苏省各地赤霉病不同发生程度的发生次数,从空间分布来看(图4.4):赤霉病等级达"中等发生"~"大发生"的总次数是南多北少,江淮之间东部沿海和太湖周边地区赤霉病达"中等发生"及以上等级的发生频率为44%~50%,其他地区达13%~31%,盐城和南通达"大发生"的次数最多,均为6次。从2002—2017年实际的赤霉病等级空间分布可知(图4.5):赤霉病等级达"中等发生"~"大发生"的总次数同样是南多北少,江淮之间东部沿海和太湖周边地区赤霉病达"中等发生"及以上等级的发生频率为38%~50%,其它地区达6%~31%,盐城达"大发生"的次数最多,为5次。由此可见,基于小麦赤霉病综合影响指数等级指标反演的赤霉病空间分布和实际的赤霉病等级空间分布较为一致。

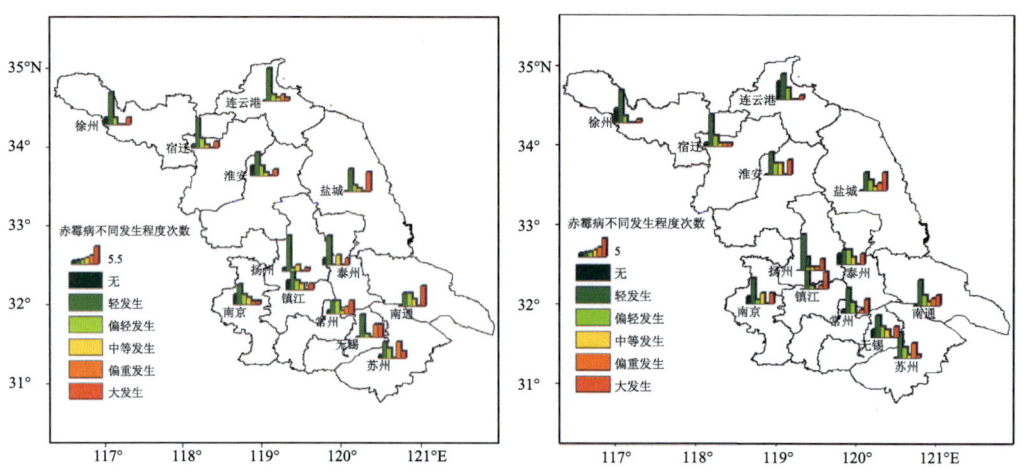

图4.4 2002—2017年基于综合影响指数等级指标计算出的江苏省各地小麦赤霉病不同发生程度累计次数

图4.5 2002—2017年江苏省各地系统田小麦赤霉病不同发生程度累计次数

基于江苏地区小麦赤霉病病穗率与抽穗扬花期气象资料,采用相关普查和灰色关联法,确定了赤霉病的关键气象影响因子及其权重,分别为累计雨日(权重0.348)、平均相对湿度(权重0.340)、平均气温(权重0.312),这与霍治国和王石立(2009)的研究结果相一致,他们认为:"湿度大是赤霉病发生发展的必要条件之一,在一定程度上决定了其发生与流行,湿度大通常都是由降水导致,并且降水的持续时间长短对湿度的大小有着重要影响。另外,真菌的发育速度也受温度的影响。"利用关键气象影响因子,构建了小麦赤霉病综合影响指数,采用百分位法和近 16 年来各等级出现的概率设定临界阈值,从而确定基于综合影响指数的赤霉病等级指标。通过盐城建湖县、阜宁县和南通通州区的病穗率进行试报检验以及 2002—2017 年病穗率进行拟合检验,经验证,综合影响指数与病穗率具有较好的对应关系,基于综合影响指数等级指标确定的赤霉病等级与实际的赤霉病等级也具有较好的一致性,因此可应用于业务中。各区抽穗扬花期平均时段为 20 d,目前数值天气预报的预报时效长达 1 个月,因此利用该综合影响指数和等级指标可在抽穗扬花期前进行赤霉病等级预测,在抽穗扬花期结束后,也可对抽穗扬花期内是否适合赤霉病发生发展的气象条件进行影响评估。本研究弥补了基于大尺度因子的赤霉病预测模型仅限于预测的不足,同时该综合影响指数不仅包含温度和湿度,而且还包含了累积雨日,比徐云等(2016)建立的湿热指数考虑更全面。

　　从 2002—2017 年赤霉病发生的时间变化来看,2010 年起江苏省小麦赤霉病发生严重的频次有所增加,对应的气候背景是气温呈现显著的线性增加趋势,降水总体偏多,而温度和降水正是诱发赤霉病的关键气象要素,因此,本研究认为,2010 年以来赤霉病加重的原因可能与气候变暖相关,这与已有研究相吻合,即气温升高、降水增多的气候背景对赤霉病的发生流行具有促进作用(祝新建,2009),气候变暖则有利于子囊壳产生和子囊孢子释放(王建新 等,2002),近年来气候变暖、秸秆还田和赤霉病菌对多菌灵的抗性上升使江苏省小麦赤霉病流行频率提高(姚克兵 等,2018),此外,暖冬易造成赤霉病病菌越冬基数增加、越冬死亡率下降、次年发病严重程度可能加重,还可能造成病害提前、危害期延长(霍治国 等,2009)。据多个全球气候模型预测结果表明,全球变暖的趋势仍将维持,全球平均降水强度将以 2%/K 的比率随气温升高而增加(吴福婷 等,2013)。气候变化对生态系统的影响已成为政府、科学家和公众所普遍关注的热点(王维玮 等,2016;姚玉壁 等,2018)。因此,在气候变暖的背景下,赤霉病的科学防治变得尤为重要。

　　无论是小麦赤霉病综合影响指数等级指标反演的赤霉病空间分布,还是实际的赤霉病等级空间分布,2002 年以来江苏省的小麦赤霉病都呈现出南重北轻的空间格局,与 1965—2002 年的空间分布一致(张旭晖 等,2009),但赤霉病发生最严重的区域有所变化,1965—2002 年,太湖周边地区发病最高,沿江东部及苏南地区次之(张旭晖 等,2009),到了 2002—2017 年,江淮之间东部沿海地区(主要集中在盐城)赤霉病大发生的概率明显高于其他地方。造成这一特点的可能原因是:受秸秆持续还田影响,田间菌源量充足(乔玉强 等,2013);小麦生育进程差异大,感病品种种植比例高(仲凤翔 等,2013);施肥水平高,氮肥用量大(刘小宁 等,2015);气候偏暖,利于赤霉病的流行(陈永明 等,2015)。

　　由于小麦赤霉病的发生发展是一个复杂的动态变化过程,除了与抽穗扬花期的气象条件和气候背景密切相关外,还受秸秆还田、菌源基数、氮肥施用量等因素的影响,文中在构建关键气象因子综合影响指数时,并未考虑这些因子,这也是构建的综合影响指数和等级指标与实际情况存在偏差的根本原因所在。因此,今后可从融合多种影响因子的角度建立更合理的综合影响指数和等级指标,为准确研判赤霉病等级、科学指导防控提供更加可靠的依据。

第5章 基于机器学习算法的小麦赤霉病等级预报法

5.1 资料与预处理

(1) 小麦赤霉病病穗率数据:收集整理了 2002—2018 年苏州、无锡、常州、南通、镇江、南京、扬州、泰州、盐城、淮安、宿迁、徐州、连云港 13 个市的病穗率数据。该数据由江苏省农业植保部门在不进行人为化学防治的麦田,按照国家标准 GB/T 15796—2011《小麦赤霉病测报技术规范》观测,在 5 月末计算出病穗率。调查时间是从抽穗始期开始,每日观察,始见病穗后,每 3 d 调查一次,至病情稳定为止;调查地点是选择当地一块系统调查田,面积不小于 6.67×10^{-2} hm^2,栽种当地代表性品种 2~3 个,其中必须有 1 个感病品种,分早、中、迟 3 个播期,播期间隔 10~15 d,每个品种种植面积不小于 6.7×10^{-3} hm^2,生长期均不喷杀菌剂防治;调查方法是在已发现病穗的田块随机固定 500 穗,然后调查病穗数。

(2) 小麦生育期观测资料:来自 2002—2018 年江苏省气象局 10 个农业气象观测站的《作物生长发育状况记录年报表》,生育期由专业的农业气象技术人员按照《农业气象观测规范 冬小麦》(QX/T 200—2015)观测所得,观测站点分别为昆山、沭阳、大丰、如皋、兴化、淮安、盱眙、滨海、赣榆、徐州。

(3) 小麦生育期内气象资料:来自江苏省气象局 2002—2018 年江苏 13 个市逐日气温、降水量、相对湿度、日照时数、天气现象、风速等。

(4) 资料预处理:按照江苏省冬小麦的生育期,结合赤霉病菌流行规律,将分析时段分为:越冬期(上年 12 月至当年 2 月,即冬季)、拔节期(3 月)、抽穗扬花前期(4 月上旬)、抽穗扬花期(4 月中旬至 5 月上旬)。在建病穗率预测模型前,初步选出对病穗率有影响且符合生物学意义的气象因子非常关键,主要依据已有研究结果进行初步筛选。抽穗扬花期是赤霉病菌侵染关键期,主要影响因子是温度、湿度、降水、光照和风,其中温、湿度的匹配程度是关键(张汉琳,1987;肖晶晶 等,2011;徐敏 等,2019)。抽穗扬花前期,赤霉病菌主要影响因子是温度、湿度、降水、光照(吴春艳 等,2003)。拔节期和越冬期对赤霉病具有前期影响,其中拔节期影响赤霉病菌的主要气象因子是气温、降水、湿度、光照(贾金明,2002;刁春友 等,2006;姜明波 等,2018);越冬期影响赤霉病菌的主要气象因子是气温,霍治国等(2009)指出,冬季高温易使小麦赤霉病发病时的菌源数增多,一定程度上会增加小麦感染病菌的风险程度。另外,考虑到冬季降雪会对气温产生影响,尤其积雪融化造成的低温不利于赤霉病菌存活,所以越冬期影响因子还加入了积雪深度。最终初步入选的气象因子见表5.1。

由于江苏省南北跨度大,不同区域的抽穗扬花期存在一定差异,按照气候相似性原则,综合考虑农业区划,江苏可分为3个区:苏南(苏州、无锡、常州、南京、镇江)、苏中(南通、扬州、泰州、淮安、盐城)、苏北(宿迁、徐州、连云港)。通过历年生育期观测资料,计算出苏南、苏中、苏北抽穗扬花期平均起止时间分别为:4月上旬至中旬、4月中旬至下旬、4月下旬至5月上旬。

表 5.1　用于分析评估对小麦赤霉病病穗率影响重要性的气象因子

时段	气象因子	个数
越冬期 (上年12月至当年2月)	冬季平均最高气温、冬季最低气温≤0 ℃日数、冬季累积最大积雪深度、冬季雪深≥1 cm日数、冬季雪深≥5 cm日数、冬季雪深≥10 cm日数、冬季雪深≥20 cm日数、冬季雪深≥30 cm日数、冬季降水量、冬季日降水量≥0.1 mm日数、冬季日照时数、冬季平均相对湿度	12
拔节期 (3月)	3月平均气温、3月最低气温≤0 ℃日数、3月降水量、3月日降水量≥0.1 mm日数、3月日降水量≥1 mm日数、3月日降水量≥5 mm日数、3月日降水量≥10 mm日数、3月日降水量≥25 mm日数、3月平均相对湿度、3月日照时数	10
抽穗扬花前期 (4月上旬)	4月上旬平均气温、4月上旬降水量、4月上旬降水量≥0.1 mm日数、4月上旬平均相对湿度、4月上旬累积日照时数	5
抽穗扬花期 (4月中旬至5月上旬)	抽穗扬花期平均气温、抽穗扬花期累积降水量、抽穗扬花期累积雨日、抽穗扬花期降水连续≥3 d的雨日总数、抽穗扬花期平均相对湿度、抽穗扬花期平均日照时数、抽穗扬花期平均风速、抽穗扬花期平均最大风速	8

5.2　基于随机森林算法建立赤霉病等级预报模型

5.2.1　随机森林算法基本原理

近年来,随着人工智能技术的飞速发展,随机森林等机器学习算法在特征变量重要性评估和预测模型构建等方面开始凸显优势。随机森林(Random Forest)是Breiman(2001)将Bagging集成学习理论与随机子空间相结合,提出的一种组合分类智能算法。该算法能有效解决高维变量问题,可以评估变量的重要性,具备分析复杂相互作用分类特征的能力,训练速度快,收敛规则遵循大数定律、泛化误差具有收敛性,不易产生过拟合(Iverson et al.,2008)。大量的理论和实证研究证明了随机森林法是一种自然的非线性建模工具,是目前数据挖掘、生物信息学的最热门的前沿研究领域之一,在生态学、医学、管理学、经济学等众多领域得到了广泛应用,如作物分类(石礼娟 等,2017;王利民 等,2018)、灾害风险评估(吴孝情 等,2017;赖成光 等,

2015)、生物物种分布影响因素评估(张雷 等,2011a,2011b)等,均取得了较好的效果,构建的非线性预测模型预测精度高。随机森林算法所具有的计算特性和优点,理论上为评估多种气象因子对小麦赤霉病的影响重要性、全面理解不同生育期影响赤霉病发生流行的主导气象因子和非主导气象因子提供了一种新的思路。

随机森林算法是以决策树为基分类器的一个集成学习模型 $\{h(X,\theta_k)\}; k=1,\cdots L\}$,$\{\theta_k\}$ 表示独立同分布的随机变量,输入特征变量 X 时,每一棵树只投一票给其认为最佳的分类结果。所谓决策树(Han et al.,2007),是单个分类器,是一种从无次序、无规则的训练样本中推理出决策树表示形式的分类规则的方法,相当于一种布尔函数。随机森林的分类结果由每棵树投票中得票数最多的类确定(Biau,2012),最终分类决策见下式

$$H(x) = \arg\max_Y \sum_i I(h_i(x) = Y) \tag{5.1}$$

式中,$H(x)$ 表示随机森林模型,$h_i(x)$ 表示每个决策树分类器,Y 为目标变量,即病穗率,$I(h_i(x)=Y)$ 为指示性函数。

随机森林算法是高维学数据分析方法之一,主要用于高维数据分类和回归,并可计算出自变量对因变量的重要性评分(Donnelly et al.,1996)。该算法采用的是自助抽样方法(Bootstrap),运算过程中涉及决策树棵数 N_{tree} 和节点数 M_{try} 两个参数的设定。一般而言,模型的计算量与每次生成的树的数量成正比,在 N_{tree} 增加时,在模型预测精度不能提高的情况下,N_{tree} 值设定应尽可能小。M_{try} 值要在模型构建过程中通过逐次计算来挑选最优值,回归模型中一般为变量个数的三分之一。由于随机森林算法对样本数据的量纲和单位不敏感,所以运算时无须对样本数据进行归一化处理。

随机森林算法是通过预测精度法计算每个特征变量的重要性,利用该算法本身所具有的变量重要性度量可以对特征变量的重要性进行排序,然后从中筛选出对最终结果影响较大的特征变量,删除一些和目标变量无关或者冗余的特征变量,即选出重要性靠前的特征。从而简化特征数据集,使得预测模型更精确。在随机森林模型中评价特征变量重要性的主要指标是精度平均减少值(I_{MSE})和节点不纯度减少值(I_{NP})。I_{MSE} 是指变量随机取值后模型估算误差相对于原来误差的升高幅度,I_{NP} 是指变量对各个决策树节点的影响程度,I_{MSE} 或 I_{NP} 值越大,说明该变量越重要,反之则相对不重要。本文采用 I_{MSE} 作为变量重要性的评价指标。

5.2.2 分生育期分区域重要特征变量的筛选与评价

针对苏南、苏中、苏北 3 个区域,按照越冬期、拔节期、抽穗扬花前期、抽穗扬花期 4 个时段,通过随机森林算法,以各生育期气象因子(表 5.1)为输入向量(2002—2018 年 13 个市,每年 4 个时段共 35 个气象因子,累计 7735 个气象因子样本),以病穗率为输出向量(2002—2018 年 13 个市,共 221 个病穗率样本),分区域分生育期对输入

向量进行重要性排序,计算各特征向量的 I_{MSE} 。

在成百上千次的机器学习过程中,并非每一次计算出的变量重要性排序结果都完全一致(Verikas et al.,2011),此时可通过计算各区域各生育期 50 次模拟结果的 I_{MSE} 平均值来进行重要性排序,筛选出重要特征变量再进行随机森林建模可降低不重要变量对模型精度的干扰。以苏南为例,越冬期(图 5.1(a))排在前 4 位的特征变量依次是:冬季平均最高气温、冬季雪深≥1 cm 日数、冬季日降水量≥0.1 mm 日数、冬季累积最大积雪深度,冬季累积最大积雪深度与冬季雪深≥5 cm 日数之间存在较为明显的拐点,将出现拐点前的特征变量确定为相对重要的变量(王超 等,2019),则认为冬季平均最高气温对病穗率的重要性大于其他同期变量。从植物病害生理学角度,在越冬期,气温偏高或降水日数越多则利于赤霉病菌的越冬存活,冬季雪深≥1 cm 的日数越多或冬季累积最大积雪深度越大则不利于赤霉病菌的越冬存活,从冬季平均最高气温、冬季雪深≥1 cm 日数、冬季日降水量≥0.1 mm 日数、冬季累积最大积雪深度与病穗率的相关性也能反映这一关系,这 4 个特征变量与病穗率的相关系数分别为 0.132、−0.172、0.150、−0.124,均通过了 0.05 的显著性 t 检验。拔节期(图 5.1(b))相对重要的特征变量依次为:3 月日照时数、3 月平均相对湿度、3 月累积降水量、3 月最低气温≤0℃日数、3 月日降水量≥1 mm 日数,这 5 个特征变量与病穗率的相关系数分别为:−0.403、0.460、0.442、0.229、0.304,均通过了 0.001 的显著性检验。拔节期是小麦越冬后的关键生育期,决定着成穗率的高低,若日照偏少、降雨频繁且雨量偏多、田间湿度持续偏大,即若阴雨寡照的天气偏多,则会影响植株营养体的增大,生长缓慢,易感染赤霉病菌;若天气回暖后气温急剧下降,最低气温<0℃时会发生冻害,所以当拔节期<0 ℃的天数偏多时,也容易影响植株体的生长,存在后期感染赤霉病菌的风险。抽穗扬花期(图 5.1(c))相对重要的特征变量依次为:抽穗扬花期平均相对湿度、抽穗扬花期降水连续≥3 d 的雨日总数、抽穗扬花期累积降水量、抽穗扬花期日平均日照时数、抽穗扬花期累积雨日、抽穗扬花期平均气温,该生育期是赤霉病菌侵染的关键期,若降雨偏多,尤其当持续降雨≥3 d 的雨日总数偏多,导致田间相对湿度偏大,加上气温偏高,则非常有利于病菌孢子释放、侵染、流行,前 5 个特征变量与病穗率的相关系数分别为:0.428、0.338、0.286、−0.290、0.278,均通过了 0.001 的显著性检验,说明平均相对湿度、持续降雨≥3 d 的雨日数、累积降水量、累积雨日与病穗率呈显著正相关、累积日照与病穗率呈显著反相关,因为日照多意味着天气晴好,对赤霉病的发生发展具有抑制作用,抽穗扬花期平均气温与病穗率的相关性不明显,主要是因为近年来气温条件通常都满足赤霉病发生发展的要求。

按照苏南地区的计算思路,对苏中、苏北各生育期影响病穗率的重要特征变量也进行了筛选(表 5.2)。不同区域间由于赤霉病发生概率的差异以及地理气候等不同,筛选出的重要特征变量也存在一定差异,但对病穗率具有主导作用的变量基本一致。

表 5.2　基于随机森林算法筛选出的影响病穗率的重要特征变量

	越冬期至抽穗扬花期影响病穗率的重要特征变量	个数
苏南	抽穗扬花期(平均相对湿度、降水连续≥3 d 的雨日总数、累积降水量、日平均日照时数、累积雨日、平均气温) 拔节期(累积日照时数、平均相对湿度、累积降水量、最低气温≤0 ℃日数、日降水量≥1 mm 日数) 越冬期(平均最高气温、雪深≥1 cm 日数、日降水量≥0.1 mm 日数、累积最大积雪深度)	15
苏中	抽穗扬花期(平均相对湿度、降水连续≥3 d 的雨日总数、日平均日照时数、累积降水量、平均气温) 抽穗扬花前期(平均相对湿度、累积日照时数、降水量≥0.1 mm 日数) 拔节期(累积降水量、平均相对湿度、日降水量≥1 mm 日数、平均气温、日降水量≥0.1 mm 日数) 越冬期(平均最高气温、雪深≥1 cm 日数、累积降水量)	16
苏北	抽穗扬花期(平均相对湿度、日平均日照时数、降水连续≥3 d 的雨日总数、平均气温、累积降水量、累积雨日) 抽穗扬花前期(累积降水量、日降水量≥0.1 mm 日数、累积日照时数) 拔节期(日降水量≥0.1 mm 日数、累积降水量、日降水量≥1 mm 日数、日降水量≥5 mm 日数、累积日照时数) 越冬期(累积降水量、累积最大积雪深度、日降水量≥0.1 mm 日数)	17

5.2.3　按不同起报时间建立病穗率预报模型

赤霉病可危害麦类的幼苗、茎秆和麦穗,苗期危害形成苗腐,拔节期形成茎秆基腐,其中以危害麦穗的损失最大,即赤霉病对不同生育阶段的小麦具有不同的影响,且该影响是个连续过程,这一规律为分时段建立病穗率预测模型提供了可行性。分时段病穗率预测模型的构建思路是:以表 5.2 中筛选出的影响病穗率的重要特征变量为输入向量,若起报时间是 3 月初,则选用越冬期的重要特征变量为预报因子;若起报时间是 4 月初,则选用越冬期和拔节期的重要特征变量为预报因子,随着生育进程不断推进,预报因子在逐步增多,树节点预选的变量个数 M_{try} 根据预报因子总数而定,决策树棵数 N_{tree} 设定为 600,病穗率为输出向量,利用随机森林算法建立病穗率预测模型,为了避免高相关模型的偶然性,均重复建模 50 次,每次建模均随机抽取 3/4 的样本数作为训练样本、1/4 的样本数作为测试样本。由于不同区域的生育进程有所不同,苏南、苏中、苏北的起报时间也存在差异,起报时间不同使得预报时效也存在相应的差异,每年病穗率通常在当年 5 月末由植保站计算提供,根据最早的起报时间可以在 3 月初进行预测,意味着可以提前近 3 个月对病穗率进行预测,随着起报时间逐步向后推移,预测时效则逐步缩短,最短为提前 10 d。相关预测信息详见表

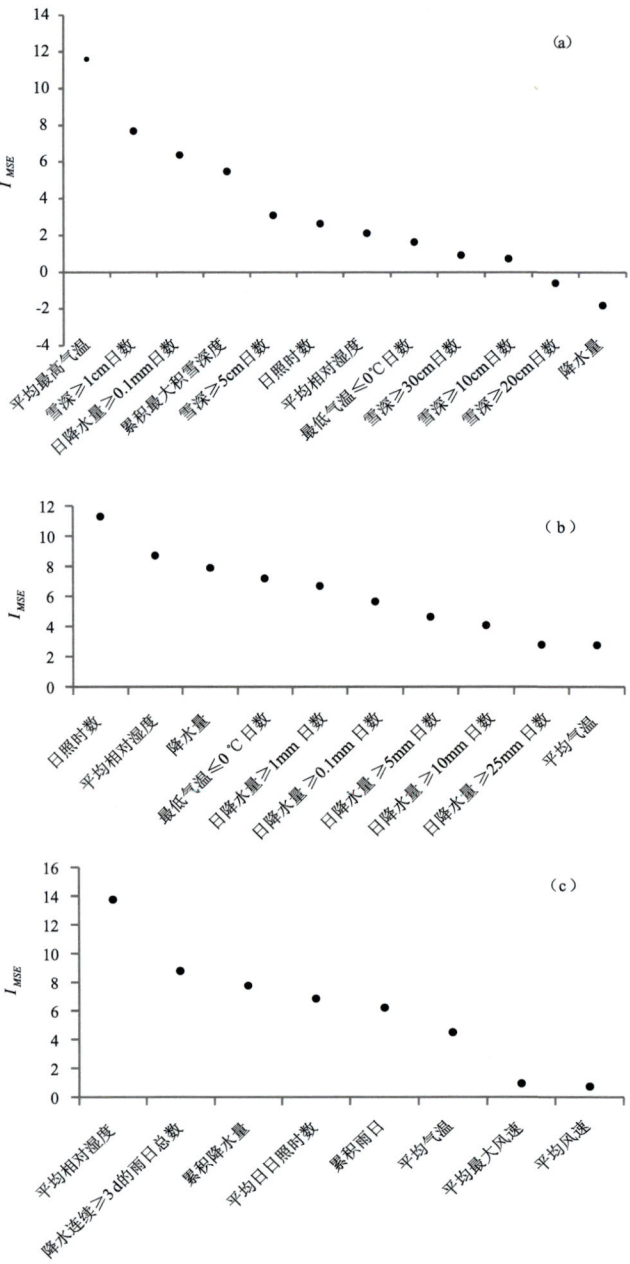

图 5.1 苏南地区小麦赤霉病病穗率不同生育期气象因子影响重要性排序
(a)越冬期；(b)拔节期；(c)抽穗扬花期

5.3、模型参数设置见表 5.4。

表 5.3　利用随机森林算法建立病穗率预测模型的相关预测信息

苏南			苏中			苏北		
起报时间	预报因子	预测时效	起报时间	预报因子	预测时效	起报时间	预报因子	预测时效
3月初	S1气象因子	提前近3个月	3月初	S1气象因子	提前近3个月	3月初	S1气象因子	提前近3个月
4月初	S1+S2气象因子	提前近2个月	4月初	S1+S2气象因子	提前近2个月	4月初	S1+S2气象因子	提前近2个月
4月下旬	S1+S2+S4气象因子	提前1个月	4月中旬	S1+S2+S3气象因子	提前40 d	4月中旬	S1+S2+S3气象因子	提前40 d
			5月上旬	S1+S2+S3+S4气象因子	提前20d	5月中旬	S1+S2+S3+S4气象因子	提前10 d

注：S1:越冬期，S2:拔节期，S3:抽穗扬花前期，S4:抽穗扬花期。

表 5.4　随机森林建模过程中参数设置

苏南(病穗率样本数85)			苏中(病穗率样本数85)			苏北(病穗率样本数51)		
起报时间	M_{try}	N_{tree}	起报时间	M_{try}	N_{tree}	起报时间	M_{try}	N_{tree}
3月初	1,2	600	3月初	1,2	600	3月初	1,2	600
4月初	2,3,4	600	4月初	2,3,4	600	4月初	2,3,4	600
4月下旬	3,4,5,6,7,8	600	4月中旬	3,4,5	600	4月中旬	3,4,5	600
			5月上旬	4,5,6,7,8,9		5月中旬	5,6,7,8,9,10	
累计建模次数	550		累计建模次数	700		累计建模次数	700	

每一个起报时间，不同的 M_{try}，通过重复建模 50 次，可以生成 50 个模型，不同模型对应的模拟精度存在差异，由于训练样本的模型精度均很高且相近，所以根据测试样本的模型精度来挑选最优随机森林模型，将筛选出的最优模型进行等权重集成，在一定程度上可以减少模型的随机误差和高相关的偶然性(徐敏 等,2017)。

通过不同起报时间最优模型模拟精度比较发现(表 5.5):起报时间越接近乳熟期，随机森林模型模拟出的病穗率与实际病穗率的相关系数越高，说明在建立随机森林预测模型时，输入的影响病穗率的重要特征变量越多，则模型预测准确率越高；除了苏北地区训练样本的相关系数通过 0.01 显著性检验以外，其余均通过了 0.001 显著性检验，说明建立的随机森林模型具有较高的准确性；苏南和苏中地区，随机森林模型模拟出的病穗率与实际病穗率的相关系数高于苏北，这与赤霉病"南重北轻"的区域特征相关(徐敏 等,2019)。2002—2018 年,苏中、苏南、苏北年均病穗率分别为 23.0%、19.5%、8.5%,苏中和苏南病穗率超过 20.0%的年份远远多于苏北,其中沿海地区是近年来赤霉病的重发生区域,在用随机森林算法进行数据挖掘时,赤霉病发生频次多的区域,更容易寻找病穗率与气象因子的非线性关系,即在每一棵决策树中更容易找寻出对病穗率影响大的变量,如果发生赤霉病的样本数很少,则较难捕捉病穗率与气象因子的对应关系。

表 5.5 不同起报时间最优随机森林模型的预报准确率

起报时间	训练样本模拟出的病穗率与实际病穗率的相关系数			测试样本预测出的病穗率与实际病穗率的相关系数		
	苏南	苏中	苏北	苏南	苏中	苏北
3 月初	0.922**	0.916**	0.882**	0.748**	0.740**	0.698*
4 月初	0.962**	0.965**	0.923**	0.817**	0.876**	0.759**
4 月中旬		0.975**	0.924**		0.939**	0.763**
4 月下旬	0.968**			0.855**		
5 月上旬		0.977**			0.923**	
5 月中旬			0.936**			0.765**
病穗率样本数	63	63	39	22	22	12

注:** 通过了 0.001 的显著性检验,* 通过了 0.01 的显著性检验。

5.2.4 不同生育期重要特征变量贡献率评价

为了了解筛选出的各生育期重要特征变量在随机森林模型中的影响程度,计算了各时段重要特征变量的贡献率,计算思路是:首先计算以苏南、苏中、苏北最迟起报时间建立的 6 个最优模型中,各重要特征变量的 I_{MSE} 值占所有变量 I_{MSE} 累加值的比例;然后将 6 个模型中相同重要特征变量的比例进行平均;最后将属于同一生育期的变量权重进行累加,则得到各生育期重要特征变量的贡献率,其中苏南地区由于抽穗扬花时间最早,是从 4 月上旬开始,因此不再单独计算抽穗扬花前期的贡献率。从图 5.2 可以看出,各生育期重要特征变量贡献率的排序为:抽穗扬花期(前期和高峰期)>拔节期>越冬期,说明抽穗扬花期的气象条件对最终的病穗率影响最大,起主导作用。苏南、苏中、苏北抽穗扬花期重要特征变量的贡献率分别为 40.5%、65.1%、76.5%,其次是拔节期,越冬期对病穗率具有前期影响,影响程度相对弱一些;拔节期和越冬期重要特征变量的贡献率从苏南到苏北依次递减,这与抽穗扬花时间的早晚有关,苏南地区生育进程通常快于苏中和苏北,抽穗扬花时间与拔节期间隔最短,而苏北地区由于气温偏低,生育进程相对慢一些,抽穗扬花期要晚于苏中和苏南。

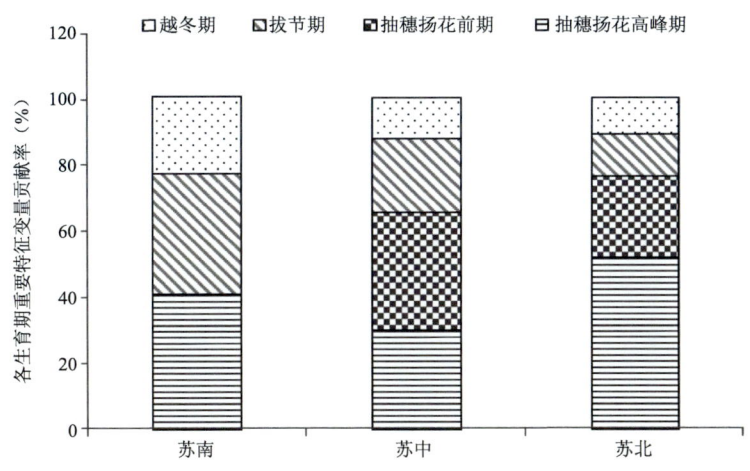

图 5.2 各生育期重要特征变量的贡献率

5.2.5 不同起报时间的最优随机森林模型的模拟验证

通过不同起报时间最优模型集成后的病穗率模拟值与实际病穗率进行对比(图 5.3)发现:2002—2018 年,13 个地市不同起报时间的病穗率模拟值与实际值的波动趋势均一致,起报时间越接近乳熟期,模拟值总体越接近实际值,与表 5 得到的结论一致,说明随机森林模型对病穗率的预测具有较高的可靠性。病穗率模拟值波动幅度与实际值存在差异,低值区模拟值略偏大、高值区模拟值偏小,存在一定的系统性误差,因此,在具体使用过程中需要考虑这一特性。苏南、苏中、苏北最迟起报时间的病穗率模拟值与实际值的标准差分别是 17.6%、21.3%、10.2%,标准差反应的是模拟值与实际值的偏差程度,说明随机森林模型对苏中的模拟误差大于苏南和苏北,主要是因为苏中病穗率≥40.0%的次数多于苏南和苏北,而模型对于高值的模拟偏小。

5.3 基于随机森林算法反演出的赤霉病等级空间分布特征

在农业气象业务服务中,通常通过赤霉病发生等级开展服务(王龙俊 等,2017),因此对模拟出的病穗率进行等级划分,进行进一步的验证。按照国家标准 GB/T 15796—2011《小麦赤霉病测报技术规范》规定的赤霉病发生程度分级指标,赤霉病的发生程度可分为 5 级,即 0 级(未发生)、1 级(轻发生,病穗率 0.1%～10.0%)、2 级(中等偏轻发生,病穗率 10.1%～20.0%)、3 级(中等发生,病穗率 20.1%～30.0%)、4 级(偏重发生,病穗率 30.1%～40.0%)、5 级(大发生,病穗率≥40.1%)。从图 5.4 可以看出,最迟起报时间建立的随机森林最优模型集成后的模拟等级与实际等级的空间分布总体一致,赤霉病发生程度均为"南强北弱",尤其是沿海和苏南地区,说明随机森林模型的分级结果能揭示出赤霉病总的空间格局和内在规律,淮北地

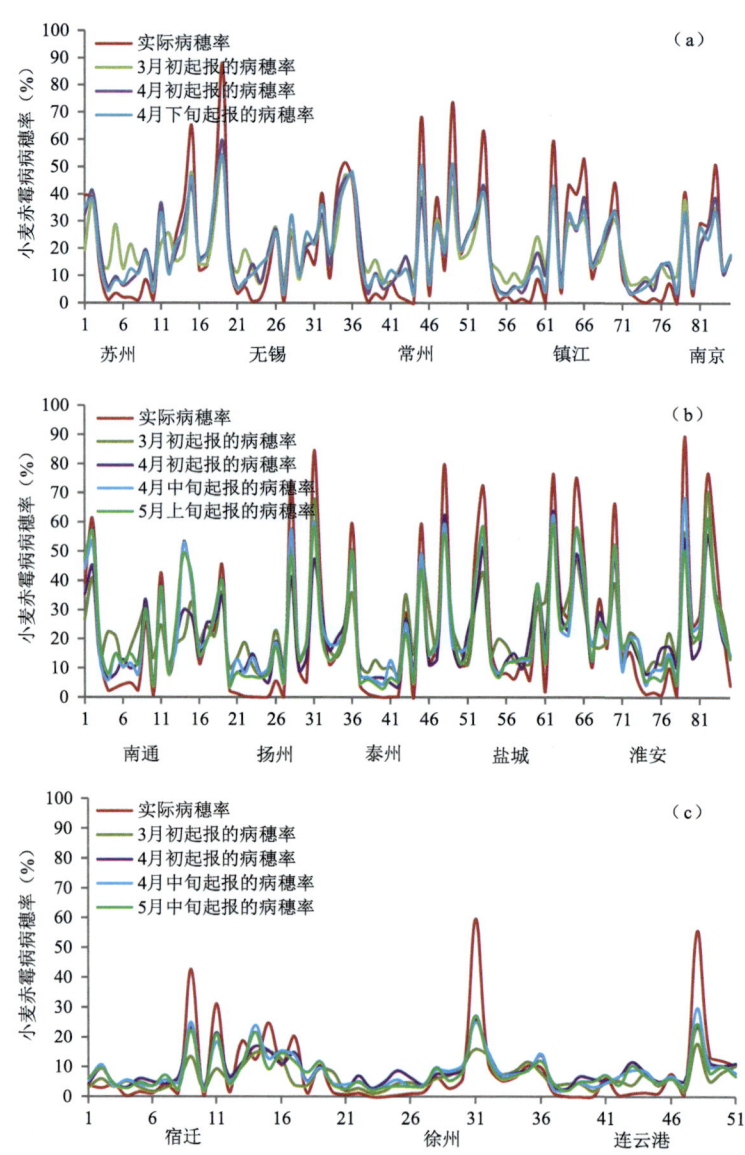

图 5.3 2002—2018 年不同起报时间随机森林最优模型
集成后的病穗率模拟值与实际值的对比
(a)苏南;(b)苏中;(c)苏北

区由于本身赤霉病发生程度较轻,2002—2018 年宿迁、徐州、连云港等 3 个市均仅有 1 次达到 5 级,"大发生"样本数太少,因此未能模拟出。统计结果表明,苏南、苏中、苏北最优模型集成后的赤霉病等级与实际赤霉病等级完全一致的准确率分别是 62.4%、64.7%、62.7%,偏差一级的分别占 34.1%、32.9%、25.5%,偏差两级的分别占 3.5%、2.4%（含三级）、11.8%，其中偏差一级的主要集中在"轻发生"和"大发生"，与徐敏等（2019）利用赤霉病综合影响指数判定全省赤霉病等级的准确率 43.0%相比，随机森林模型的准确率明显更高，说明随机森林模型对赤霉病等级的模拟能力总体较好。在实际应用中，当预测等级为"大发生"时，需要格外注意，因为实际将发生的等级很可能比预测的要严重。由此表明随机森林最优模型在赤霉病等级模拟方面同样具有较好的适用性，为建立赤霉病发生发展等级预测模型提供了新思路。

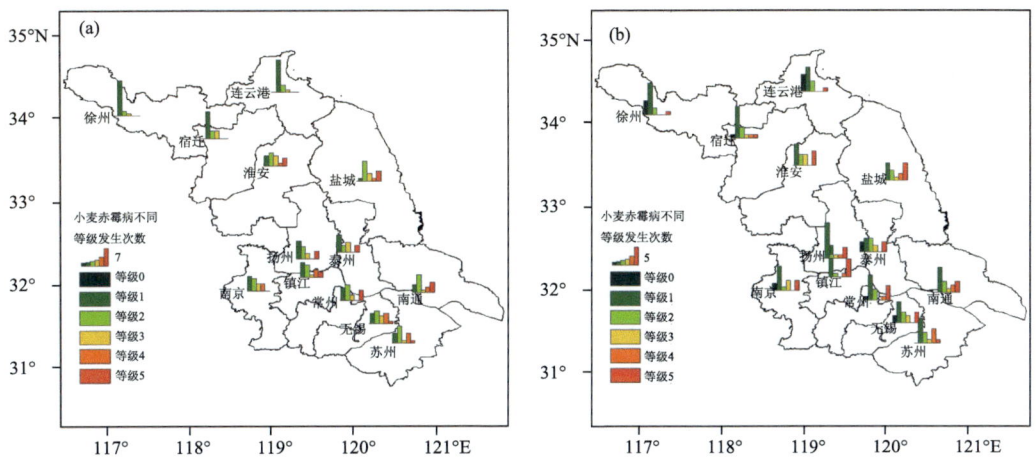

图 5.4　2002—2018 年最迟起报时间基于随机森林最优模型模拟出的
小麦赤霉病各等级次数与实际等级次数
（a）模拟等级；（b）实际等级

由此可见，以江苏小麦赤霉病病穗率为研究对象，利用随机森林机器学习算法，以精度平均减少值为评价指标，结合赤霉病菌的病理，分生育期、分区域筛选出对病穗率影响相对重要的特征变量，然后根据不同的起报时间，通过训练样本和测试样本的多次学习，选取最优预测模型，并进行模型模拟精度的验证。得到的主要结论是：（1）随机森林算法重要性度量表明，小麦在不同的生育阶段，对赤霉病菌产生影响的气象因子不同，越冬期主要是气温和降雪；拔节期主要是日照、降雨量、湿度和雨日；抽穗扬花期主要是湿度、降水连续≥3 d 的雨日和日照。甄别出的重要特征变量排序结果符合赤霉病菌发育、释放、侵染和流行的生理学规律。（2）苏南、苏中、苏北抽穗扬花期重要特征变量的贡献率分别为 40.5%、65.1%、76.5%，该生育期的气象条件对最终的病穗率影响最大，具有决定性作用；拔节期气象条件的影响程度位列第二；越冬期气象条件的影响程度相对较弱。拔节期和越冬期的气象条件对病穗率的大小具有前期影响。（3）苏南、苏中、苏北开始进行病穗率预测的时间最早可在 3 月初，最迟预测时间分别是 4 月下旬、5 月上旬、5 月中旬，预测时效最长可达近 3 个月，起报时间越接近乳熟期,输入的重要特征变量越多,病穗率预测准确率也随之越高。经过检验,模型对病穗率时间波动特征模拟得非常好,对赤霉病"中等"和"偏重"等级模拟得也不错。

不同起报时间的最优随机森林模型对于"大发生"的模拟均过于"保守",模拟值均低于实际值,可能与考虑的特征变量还不够全面有关,因为赤霉病的发生发展不仅与气象条件密切相关,还与秸秆持续还田、小麦种植品种、氮肥使用量、田间管理措施等因素有关(李韬 等,2016)。随着小麦生育期的推进,可在不同的关键时间节点开展病穗率预测,文中的建模思路为动态预测病穗率提供了新的方法和思路,但由于预报因子采用的是时段平均(月或旬时间尺度),还未达到真正意义上的动态预测的时间精度,所以在今后的研究中可以考虑细化预报因子时间尺度,重新利用随机森林算法建模,以期进一步提高预测准确率。

综合而言,随机森林机器学习算法可在病穗率预测中进行应用,建立的预测模型具有较高的可靠性和准确性。具有较长预测时效的预测结果可为植保部门分区治理、统防统治、适时预防提供指导,为广大农户提前购买农药的数量和开展化学防治提供充裕的准备时间,为最大限度减轻病害流行和危害程度提供可能,助力农药减施增效,为保护农田生态环境奠定基础。

第6章　多因素协同的小麦赤霉病估测法

6.1　估测思路

基于多源遥感数据对县域尺度上的小麦进行长势动态监测,并结合大田实验数据,计算表征小麦长势信息的 LAI(叶面积指数)、ABW(地上部生物量)和 NDVI(归一化植被指数),同时也考虑对赤霉病影响较大的小麦生境信息,如 T(温度)和 RH(相对湿度),运用传统的多元线性回归分析和 BP 神经网络算法,分别建立小麦赤霉病估测模型,并对估测准确率进行比较。

6.2　地面实验和资料介绍

(1)选取实验样点

研究区位于江苏省小麦赤霉病常发区,也是小麦主产区,为了保证遥感影像的精确度,应选择一些麦田分布广、面积较大的县市作为研究区,因此选择了沭阳县、兴化市和大丰区作为小麦赤霉病的研究区域。研究区面积与 HJ 星影像 30 m 的空间分辨率相对应。HJ 星的可见光波段中高空间分辨率为 30 m×30 m,那么影像对应单个像元面积为 900 m^2,在经过几何校正后应将误差水平控制在半个像元内,麦田面积大小尽量满足 200 m×200 m 以上。在沭阳县中选取 30 个实验样点,大丰区和兴化市各选取 20 个样点,共 70 个实验样点。同时采用美国 Trimble 公司的 Juno ST 手持 GPS 接收机定位,确定样点地理坐标、测量实际范围及面积。

(2)获取小麦长势因子

小麦长势因子主要包括叶面积指数和地上生物量,叶面积指数是单位地表面积上植物总叶片面积之和,是反映植被长势个体特征和群体特征的关键指标,采用 SunScan 作物冠层分析仪对麦田叶面积指数进行测定;地上生物量的测定采用称重法,每个样点分别取 5 份地上冬小麦植株,每份 10 株,取地上部植株于取样袋中,置室内烘箱 105 ℃杀青 20 min,75 ℃烘干并称取其重量,计算 5 份冬小麦生物量干重,并取其平均值作为样点冬小麦生物量平均值。

(3)采集近地面遥感数据

采用 Green Seeker 冠层光谱仪对冬小麦样点的光谱信息进行采集,如 NDVI、

VI、REDerfe、NIRrefe 等光谱信息。采集时使用白板标定，冬小麦光谱采集时间定位 10—14 时进行，在采集光谱信息时，冠层光谱仪应距冬小麦植株冠层 1 m，每个样点不同方位测 20 次，最后取其平均值作为样点光谱数据。

（4）调查时间和赤霉病病情指数的调查

自冬小麦返青后开始调查，从冬小麦拔节期一直到冬小麦乳熟期，结合卫星过境时间，以及过境天气情况，确保所下载的卫星遥感影像过境前后 1 d 也为无云或少云天气，以此保证地面调查时间与卫星过境时间保持同步或相差不大。每隔 10 d 对冬小麦农情信息和冬小麦赤霉病进行调查。按照小麦赤霉病预报技术规范（GB/T 15796—2011）对赤霉病病情指数进行测量。

（5）获取环境星遥感数据

HJ 星又称环境减灾卫星，是我国自主研发卫星，主要应用于农业遥感、防灾减灾以及地球科学领域。环境减灾卫星于 2008 年成功发射并使用。HJ 星包括 A、B 两颗光学小卫星，它具备中高空间分辨率、幅宽广、覆盖范围广和重访周期短等特点，常被运用于农林业如监测农林业植被生长参数、长势变化和病虫害的发生，自然灾害监测如旱情监测等以及土地利用面积监测等。

影像成像时间：在研究小麦动态变化时，应在拔节期和抽穗期这段时间内各选一景影像。而由于 2014 年赤霉病发生程度较轻，因此选择赤霉病整体发生程度较重的 2015 年作为研究年份。同时影像时间选择在小麦易受到赤霉病菌侵染的生育期内，即抽穗—扬花期内的遥感影像。

影像质量要求：选择卫星过境时，研究区天气晴朗，无云或少云，影像清晰，质量较好。同时影像需要把研究区涵盖在内，尽可能避免影像拼接或者裁剪造成不必要的误差。根据上述要求，从中国资源卫星应用网站下载 HJ 卫星遥感数据，选取小麦拔节期沭阳县整景影像一景（2014 年 3 月 21 日一景）、冬小麦抽穗期沭阳县整景影像一景（2014 年 4 月 4 日一景）、冬小麦抽穗扬花期大丰区整景影像一景（2015 年 4 月 26 日一景），共三景 HJ 星遥感影像。

影像的预处理：在成像过程中，受到大气吸收与散射、传感器定标、地形等因素影响较为常见，易造成遥感影像畸变，如被拉伸、挤压和偏移，由于辐射信号在传输过程中易受大气、气溶胶等散射吸收作用，最终引起影像灰度值变化，造成影像失真。因此，在进行遥感影像处理前，为准确获取目标地物的光谱特征和真实光谱信息，还需要进行校正处理，包括图像的辐射定标、几何校正和大气校正。

（6）提取植被指数

遥感影像预处理完成之后，提取影像蓝、绿、红外及近红外波段的反射率反演比较常见的植被指数。归一化植被指数（Normalized Difference Vegetation Index，NDVI）和比值植被指数（Ratio Vegetation Index，RVI）的计算公式如下：

$$NDVI = \frac{(\rho_{\text{NIR}} - \rho_{\text{RED}})}{(\rho_{\text{NIR}} + \rho_{\text{RED}})} \tag{6.1}$$

$$RVI = \frac{\rho_{\text{NIR}}}{\rho_{\text{RED}}} \tag{6.2}$$

式中，ρ_{NIR} 为近红外波段反射率，ρ_{RED} 为红光波段反射率。

(7) 气象资料

从中国气象数据网上下载江苏省 2015 年 4 月和 5 月的逐日地面气象资料数据，区域范围包括沭阳、大丰、兴化 3 个地区及其周边东台、徐州、淮安等 23 个县市。

6.3 小麦生物量模型介绍

参照庄东英等（2013）的冬小麦估产模型算法，对冬小麦地上部生物量模型（Winter wheat Above ground Biomass Model，WABM）描述如下：

在小麦生育期内，地上部分生物量可由下式得出：

$$WAB_i = \sum_{i=1}^{n} \Delta WAB_i \tag{6.3}$$

式中，WAB_i 是第 i 天地上部生物量干物重（单位：$kg \cdot hm^{-2}$），WAB_1（出苗第一天的地上部干物重）定义为播种重量（单位：$kg \cdot hm^{-2}$）的一半。ΔWAB_i 第 i 天地上部生物量日增重（单位：$kg \cdot hm^{-2} \cdot d^{-1}$），$i$ 为从播种到成熟期的天数（单位：d），n 为品种生育期（单位：d）。

ΔWAB_i 的算法为：

$$\Delta WAB_i = \Delta PHD_i - RG_i - RM_i \tag{6.4}$$

式中，ΔPHD_i、RG_i 和 RM_i 分别表示第 i 天冬小麦群体光合同化量（单位：$kg \cdot hm^{-2} \cdot d^{-1}$）、生长呼吸消耗量（单位：$kg \cdot hm^{-2} \cdot d^{-1}$）和维持呼吸消耗量（单位：$kg \cdot hm^{-2} \cdot d^{-1}$）。生长呼吸消耗量（$RG_i$）和维持呼吸消耗量（$RM_i$）按如下算法计算：

$$RG_i = \Delta PHD_i \times Rg \tag{6.5}$$

$$RM_i = WAB_i \times Rm \times Q_{10}^{(Tem-25)/10} \tag{6.6}$$

式（6.5）和式（6.6）中，Rg 为冬小麦生长呼吸系数，Rm 为维持呼吸系数，Q_{10} 为呼吸作用的温度系数，Tem 表示日平均温度（单位：℃）。

6.4 多因素协同建立小麦赤霉病估测模型

6.4.1 叶面积指数反演

首先通过利用 GPS 样点的矢量数据提取沭阳县卫星遥感影像的红光波段反射率和近红外波段反射率，计算影像的 NDVI 和 RVI 散点值。将提取的 NDVI 和 RVI

散点值与试验观测的 LAI 数据进行图形拟合。由图 6.1 可以看出,冬小麦拔节初期 LAI 变化范围在 1.5~3.5,大部分 LAI 在 2.0~3.2。LAI 与两种植被指数之间拟合度较好,均呈指数型正相关关系,其中,NDVI 与 LAI 的关系模型为:$LAI=0.6935 \times e^{2.3466 NDVI}$,决定系数为 0.9267。RVI 与 LAI 的关系模型为:$LAI=0.9238 \times e^{0.2314 RVI}$,决定系数为 0.8831。由于 NDVI 与 LAI 的相关关系好于 RVI,因此,选择 NDVI 作为反演冬小麦拔节初期 LAI 的最佳植被指数。

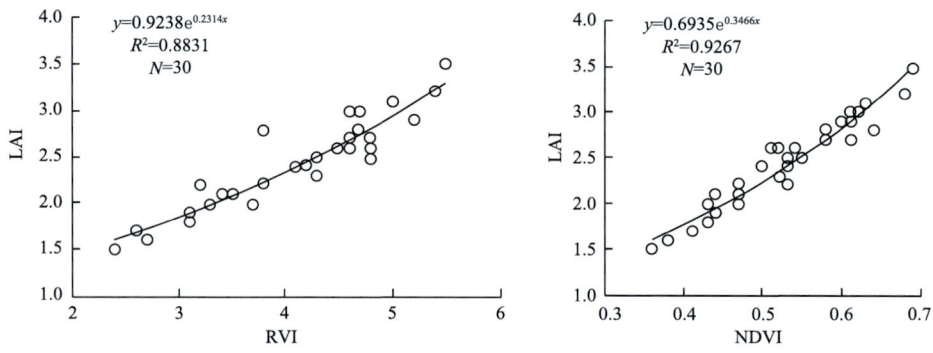

图 6.1　NDVI 和 RVI 两种植被指数与冬小麦拔节期 LAI 的关系

6.4.2　生物量遥感估算和动态变化

利用沭阳试验区样点的初始品种参数、气象资料(日平均温度、太阳辐射)等数据,运行小麦生物量模型(WABM),得到拔节期样点生物量估测值。比较样点生物量估测值与观测值,二者之间存在误差,因此进行生物量模型参数调整。将拔节期样点生物量观测值和样点 LAI 遥感反演值,作为小麦生物量模型的约束条件,利用最小二乘法调整模型参数,得到新的模型参数信息数据(表 6.1)。将新的模型参数输入生物量估测模型,重新估测拔节期样点生物量数据。

表 6.1　经过修订后的冬小麦生物量模型参数信息

符号	参数名称(单位)	取值
Rg	生长呼吸系数	0.350
Rm	维持呼吸系数	0.019
Q_{10}	呼吸作用的温度系数	2
B	最大光合速率($kg \cdot hm^{-2}$)	21
A	模型调整系数	4.90
α	小麦群体反射率(%)	8
K	消光系数	0.680
LAI_1	初始叶面积指数	0.320
WAB_1	初始生物量($kg \cdot hm^{-2}$)	75

为验证模型参数修订后冬小麦生物量模型的估测效果,利用沭阳县样点冬小麦生物量模型估测值和样点观测值数据建立 1∶1 的关系图(图 6.2)。从图中可以看出,拔节期生物量估测值在 2054.3～4828.3 kg·hm^{-2},平均为 3148 kg·hm^{-2},生物量观测值在 1962.5～4568.4 kg·hm^{-2},平均为 3045.5 kg·hm^{-2},RMSE 为 214.8 kg·hm^{-2},决定系数(R^2)为 0.9191。表明模型参数修订后的小麦生物量模型估测效果较好。

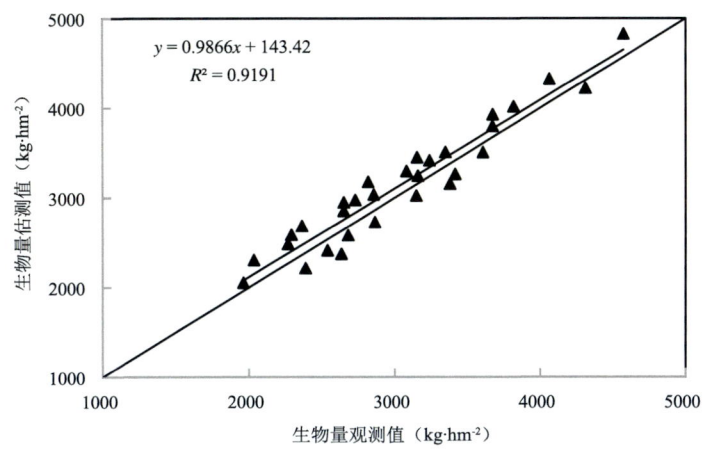

图 6.2　冬小麦拔节期生物量观测值与估测值间的关系

为进行沭阳全县冬小麦生物量遥感估测,需要建立样点 NDVI 与样点生物量估测值之间的遥感转换模型(Y_{WBWT}):$Y_{WBWT}=374.8×e^{(3.1654NDVI)}$。在 EARDAS 软件 MODELER 模块中,利用生物量遥感转换模型进行沭阳全县冬小麦生物量遥感估测预算,得到如图 6.3 所示生物量遥感估测图。依据当地县级农业部门常用的冬小麦生物量长势分级方法,可将冬小麦长势分为三级。第一级(生物量-Ⅰ级),生物量>4000 kg·hm^{-2},表示长势旺盛;第二级(生物量-Ⅱ级),3000 kg·hm^{-2}≤生物量<4000 kg·hm^{-2},表示长势正常;第三级(生物量-Ⅲ级),生物量≤2500 kg·hm^{-2},表示长势较弱(图 6.3)。在 ArcGIS 中对沭阳县冬小麦不同生物量等级的田块分布面积进行统计(表 6.2)。从表 6.2 中可以看出,长势正常的田块面积为 61 310.0 hm^2,占总种植面积的 72.2%。长势较弱的田块面积为 19 174.8 hm^2,占总种植面积的 22.6%。结合图 6.3 可以看出,长势较弱的冬小麦主要分布在东北部的高墟、西圩、青伊湖等乡镇,这些地区需加强农田管理,以促进冬小麦拔节期生长。冬小麦长势正常的田块主要分布在沭阳县西南和东南部,这些区域麦田多为集中连片,田间水肥管理较为合理。长势旺盛的冬小麦田块所占比重不大,约占总种植面积的 5.2%,主要分布于新沂河河滩上。

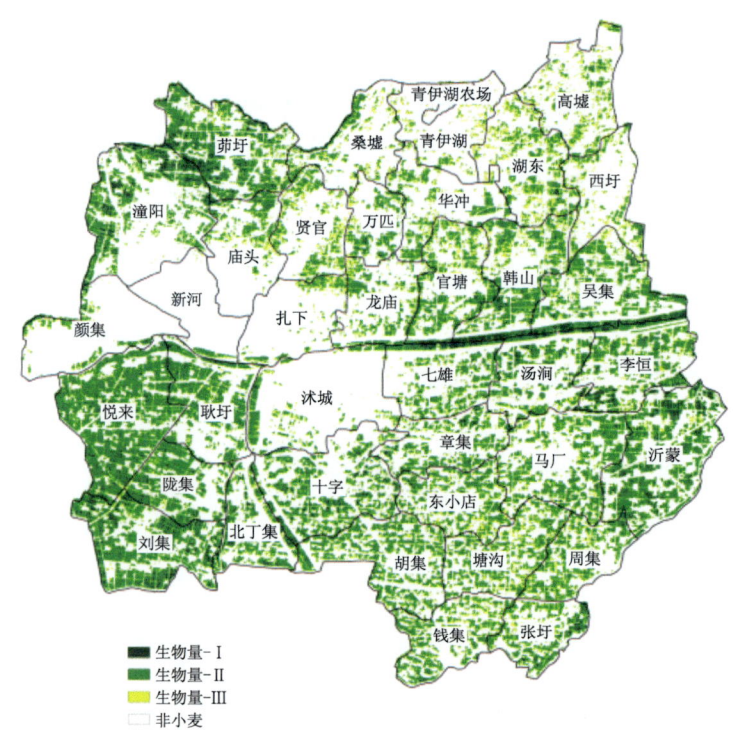

图 6.3 沭阳县冬小麦拔节期生物量遥感估测

表 6.2 沭阳县冬小麦拔节期不同生物量等级的种植面积分布

图例	类别	生物量范围(kg·hm^{-2})	面积(hm^2)	所占比例(%)
生物量－Ⅰ级	长势旺盛	生物量>4000	4427.8	5.2
生物量－Ⅱ级	长势正常	3000≤生物量<4000	61310.0	72.2
生物量－Ⅲ级	长势较弱	生物量≤2500	19174.8	22.6

利用参数修订后的冬小麦生物量模型(WABM)对抽穗期冬小麦生物量进行估测,验证冬小麦生物量模型拟合效果(图 6.4),生物量模型拟合冬小麦抽穗期生物量,估测值与观测值之间相关系数为 0.9019,生物量模型适用于抽穗期冬小麦生物量模拟。利用 GPS 样点坐标,在遥感影像中提取样点 NDVI 值,将 NDVI 与冬小麦生物量估测值建立遥感转换模型,$Y_{\mathrm{WBWTH}} = 1756.4 \times e^{(18957 \mathrm{NDVI})}$,并按照冬小麦生物量大小进行三级划分。第一级(生物量－Ⅰ级),生物量>6000 kg·hm^{-2},表示长势旺盛;第二级(生物量－Ⅱ级),5000 kg·hm^{-2}≤生物量<6000 kg·hm^{-2},表示长势正常;第三级(生物量－Ⅲ级),生物量≤5000 kg·hm^{-2},表示长势较弱(图 6.5)。从图 6.5 看出,沭阳县冬小麦抽穗期长势较为均匀,长势正常的田块居多。长势旺盛的

冬小麦田块分布较少,主要位于新沂河河滩、刘集和悦来等少数几个乡镇。长势较弱的田块分布较为零星,主要分布在沭阳县东南部道路两旁以及城郊附近的农田,可能是因为这些地区小麦田块较为零散,农田管理相对滞后所致。

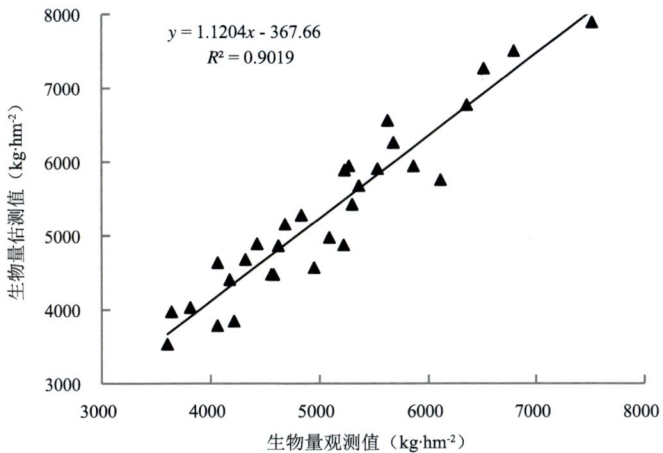

图 6.4　冬小麦抽穗期生物量观测值与估测值间对比情况

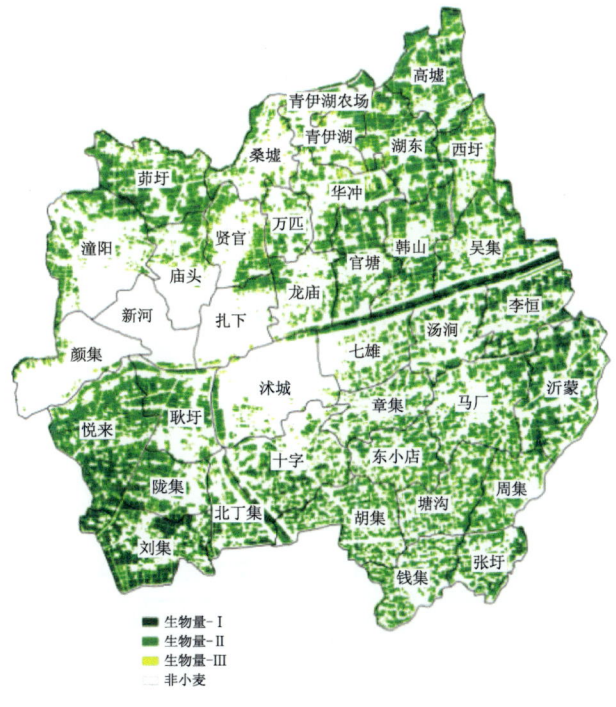

图 6.5　沭阳县冬小麦抽穗期生物量遥感估测

为进一步研究两个生育期间冬小麦生物量的动态变化,将冬小麦抽穗期生物量遥感影像图和冬小麦拔节期遥感影像图在ENVI软件中进行减运算,并根据生物量变化大小分为三个等级。第一级(变化量－Ⅰ级),生物量＞3000 kg·hm^{-2},表示冬小麦长势变化极快;第二级(变化量－Ⅱ级),2500 kg·hm^{-2}≤生物量＜3000 kg·hm^{-2},表示冬小麦长势变化快;第三级(变化量－Ⅲ级),生物量≤2500 kg·hm^{-2},表示冬小麦长势变化正常(图6.6)。对沭阳县冬小麦抽穗期不同生物量变化等级的种植面积进行统计,列于表6.3,结合图6.6可以看出,冬小麦长势变化正常的田块分布较广,占全县冬小麦种植面积的70.6%,主要分布在县区的西北、中部和南部乡镇。长势变化快的田块面积为20108.7 hm^2,占总种植面积的23.4%,主要分布在县区的东北部,如西圩、青伊湖、官塘以及华冲等乡镇。长势变化极快的田块面积为5159.6 hm^2,占总种植面积的5.9%。主要集中在沭阳县东北的高墟、青伊湖农场等几个乡镇。冬小麦拔节期随着季气温回升和降雨增多,有效促进了冬小麦拔节以及

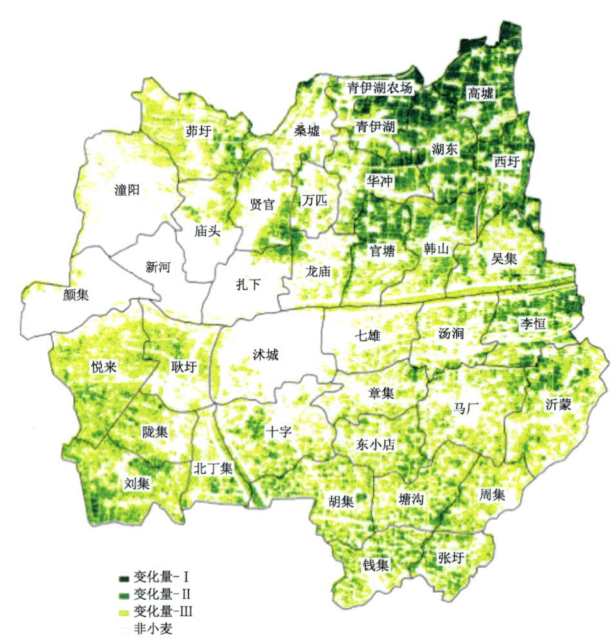

图6.6 沭阳县冬小麦抽穗期生物量动态变化

表6.3 沭阳县冬小麦抽穗期不同生物量变化等级的种植面积分布

图例	类别	生物量范围(kg·hm^{-2})	面积(hm^2)	所占比例(%)
变化量－Ⅰ级	长势变化极快	生物量＞3000	5519.6	5.9
变化量－Ⅱ级	长势变化快	25000≤生物量＜3000	20108.7	23.4
变化量－Ⅲ级	长势变化正常	生物量≤2500	60767.4	70.6

麦穗的分化生长,使得冬小麦生物量快速增加,当地农田水肥管理措施也起到明显作用。对于一些长势变化极快的麦田,需要加强有效的监护管理,以防长势过旺产生倒伏引起产量下降。

6.4.3 基于多元线性回归建立赤霉病估测模型

将冬小麦麦田实验获取冬小麦抽穗扬花期长势信息、气象因子与蜡熟期获取冬小麦赤霉病病情指数进行相关性分析,筛选出适用于冬小麦赤霉病估测模型的变量,然后采用多元线性回归方法建立冬小麦赤霉病估测模型。

(1)冬小麦抽穗－扬花期生长信息与赤霉病病情指数的关系

图6.7表明,冬小麦赤霉病病情指数与LAI和地上部生物量均呈正相关关系。LAI与赤霉病病情指数呈线性相关决定系数为0.71。抽穗期冬小麦LAI主要集中在4.7~5.7,蜡熟期获取的冬小麦赤霉病病情指数主要集中在10~30。冬小麦LAI能反映冬小麦种植密度和长势状况,通过它可了解冬小麦麦田环境,如田间郁闭程度,长势越旺盛的冬小麦,田间郁闭程度越高,麦田环境越易呈高温高湿环境,越易刺激赤霉病的形成。冬小麦赤霉病病情指数随着冬小麦地上部生物量的增加而增大,呈指数相关关系。二者决定系数达0.69。说明冬小麦抽穗期时的LAI和地上部生物量可用来构建冬小麦赤霉病病情指数。

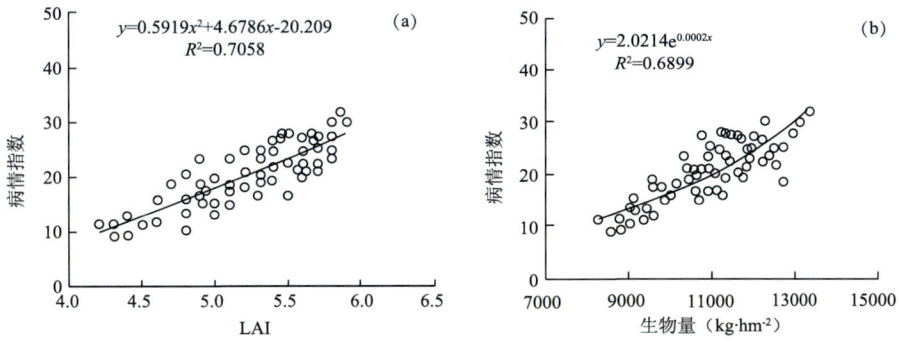

图6.7 冬小麦LAI(a)、地上部生物量(b)与赤霉病病情指数的关系

(2)冬小麦抽穗－扬花期生境信息与赤霉病病情指数的关系

选取麦田冠层气温和相对湿度两个气象因素与赤霉病病情指数建立非线性相关模型。由图6.8看出,温度与冬小麦赤霉病病情指数呈正相关,决定系数为0.62。在冬小麦抽穗期间,气温在18~24℃,赤霉病病情指数较高的温度也相应的比较高。这可能是因为温度高适宜赤霉病菌子囊孢子的形成。由图6.8(b)看出,空气相对湿度与赤霉病病情指数相关性较好,决定系数达0.74。此时期的空气相对湿度在65%~95%,赤霉病病情指数在这一范围内相对集中,主要集中在15~30。说明空气相对湿度越大,越利于赤霉病病菌的繁殖、侵染,越易造成冬小麦生育后期赤霉病的发

生与发展。

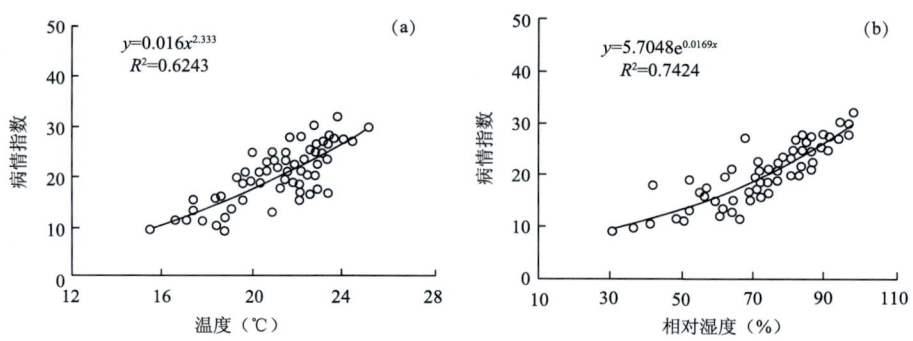

图 6.8　温度(a)和相对湿度(b)与冬小麦赤霉病病情指数的关系

(3)冬小麦赤霉病与 NDVI 间的相关关系

为避免因子间自相关性影响所建模型的准确率,本次只考虑了 NDVI(归一化植被指数)这一种植被指数与冬小麦赤霉病病情指数的相关关系。由图 6.9 可知,在冬小麦抽穗期,NDVI 主要集中在 0.70~0.85,均值为 0.74。NDVI 与赤霉病病情指数呈指数相关,决定系数为 0.6659。NDVI 较高反映了冬小麦 LAI 较高,长势较为旺盛,田间易形成高温高湿,易于赤霉病的流行。

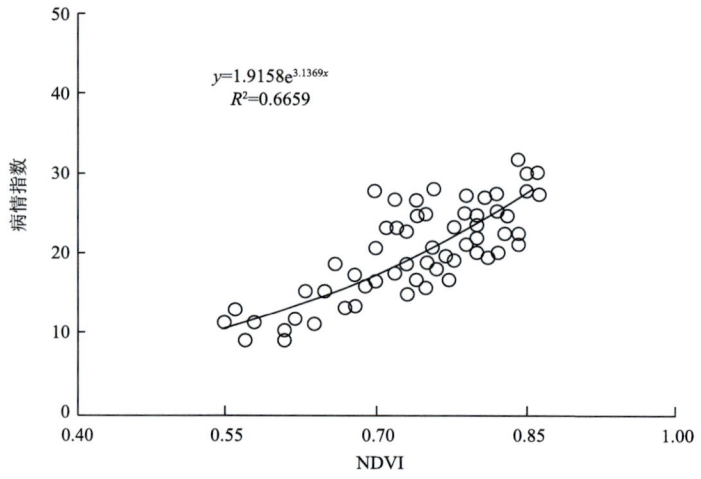

图 6.9　冬小麦赤霉病与 NDVI 的关系

(4)多元线性回归模型

将研究区所获取的数据分别分为训练集和检验集,训练集为沭阳县、兴化市获取的实验数据,检验集为大丰区实验数据。利用多元回归分析法,选用训练集获取的冬小麦赤霉病病情指数与冬小麦生长参数、气象因子以及植被指数构建冬小麦赤霉病估测模型。并利用构建的估测模型对大丰区赤霉病进行估测。假设冬小麦 LAI、生物量、相对湿度、温度、NDVI 与冬小麦赤霉病病情指数之间是线性相关的，建立多元线性回归方程：$Y=a_1X_1+a_2X_2+a_3X_3+a_4X_4+a_5X_5+a_0$，其中 X_1 表示冬小麦 LAI，X_2 表示冬小麦生物量，X_3 表示相对湿度，X_4 表示温度，X_5 表示冬小麦 NDVI，a_0 为常数项，a_i 表示各自变量的相关系数，Y 表示冬小麦赤霉病指数。相关建模步骤在 SPSS 17.0 中完成。利用多元线性回归方法建立的冬小麦赤霉病估测模型，模型决定系数 0.868，调整后的 R^2 为 0.856，表明模型拟合度较好，并且 sig≈0.000，表示模型通过显著检验。

由表 6.4 各因变量系数表中可以得到，常数 a_0 为 -26.975，b_1 为 2.801，b_2 为 0.001，相对湿度的回归系数 b_3 为 0.150，温度的系数 b_4 为 0.419，NDVI 的回归系数 b_5 为 3.248，得出冬小麦赤霉病估测模型为：

$$Y=2.801X_1+0.001X_2+0.150X_3+0.419X_4+3.248X_5-26.975 \quad (6.7)$$

从表 6.4 可以得到，对冬小麦赤霉病影响最为显著的因子为相对湿度，sig≈0，表示相对湿度这一解释变量对被解释变量通过 t 检验；其次是生物量，而 NDVI 对赤霉病模型影响最小。

表 6.4 各变量系数求解

自变量	非标准化系数		标准系数	t 检验	sig
	B	标准误差	试用版		
（常量）	-26.975	3.797		-7.104	0
LAI	2.801	1.536	0.219	1.824	0.074
生物量	0.001	0	0.211	2.364	0.022
温度	0.419	0.213	0.156	1.972	0.054
相对湿度	0.150	0.028	0.413	5.287	0
NDVI	3.248	7.519	0.046	0.432	0.667

利用 SPSS 评分向导模块，对大丰区冬小麦赤霉病病情指数进行估测，得到病情指数估测值，再与实测病情指数值生成 1∶1 对比分析图，由图 6.10 看出，20 个赤霉病病情指数数据比较集中地分布于 1∶1 线两侧，表明冬小麦赤霉病估测模型较好，病情指数估测值和实测值比较一致。RMSE 为 2.2612，说明模型模拟结果较为理想，可用于估测冬小麦赤霉病。

6.4.4 基于 BP 神经网络建立赤霉病估测模型

BP 神经网络算法是目前人工神经网络算法中应用最为广泛的算法之一，它具有很强的非线性函数映射能力，BP 神经网络算法构建的冬小麦赤霉病模型以沭阳县、兴化市两个县区为训练样本，以大丰区冬小麦赤霉病病情指数为估测样本。将建模

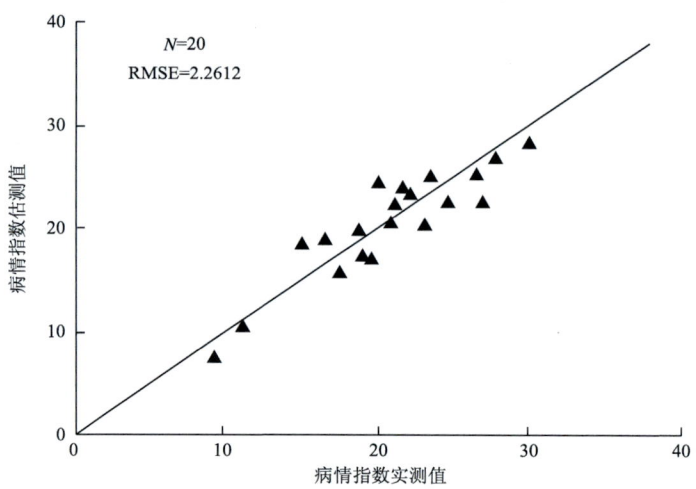

图 6.10　冬小麦赤霉病病情指数估测值与实测值

数据分为训练集、检验集两类,训练集主要由沭阳县、兴化市这两个县区的冬小麦样品数据,一共 40 个样点数据,大丰区 20 个冬小麦样品数据主要用来检验模型拟合精度。本研究主要采用决定系数(R^2)和均方根误差(RMSE)来验证模型的拟合效果。决定系数 R^2 可以很好地判断模型拟合值和实测值间的线性拟合效果,一般 R^2 较大,表明模型拟合效果较好。均方根误差 RMSE 能反映模型拟合值偏离实测值的程度,是评估模型预测能力的重要指标。一般 RMSE 值越小,说明模型估测能力较高。

BP 神经网络算法的网络学习结构由输入层、隐含层和输出层 3 层组成。BP 神经网络算法的基本思想可分为信号的正向传播和误差的反向传播,首先将输入层信号传播到隐含层,作用于隐含层的激励函数,再把隐含层各节点的输出信号传至输出层,这就是信号的正向传播;当输出层的实际输出与预期输出不符时,则转入误差的反向传播,误差信号按原来的传播路径返回,将误差分摊给各层的各个节点单元,调整节点单元的权值,如此循环直到输出误差达到可接受的范围。本研究的 BP 神经网络模型建立在 DPS 7.05 中进行。该软件中 BP 神经网络模型中的激励函数为 sigmod 函数,如下式所示:

$$f(x)=\frac{1}{1+\mathrm{e}^{-x}} \tag{6.8}$$

BP 神经网络模型是把一组样本的 I/O 问题转化为一个非线性优化的问题,梯度下降法作为优化算法中最常用的方法,被运用于神经网络模型。如果把神经网络看成输入到输出的映射,那么这个映射是一个高度非线性的映射。

基于 BP 神经网络分析建立的小麦赤霉病估测模型在 DPS 软件中完成。经过分析比较,构建了隐含层为一层,隐含层节点数为 5 的 BP 神经网络模型。表 6.5 是 BP

神经网络隐含层各个节点的权值矩阵。隐含层激活函数为 sigmod 函数,最终确定冬小麦赤霉病估测模型的拟合公式,具体公式见式(6.9)~(6.11)。

表 6.5 基于 BP 神经网络算法的冬小麦赤霉病估测模型的权重

输出变量	i	权重				
		W_{1i}	W_{2i}	W_{3i}	W_{4i}	W_{5i}
赤霉病病情指数	1	−3.2102	1.0664	3.6482	−1.6692	−3.0905
	2	2.066	−2.073	−0.186	−0.8497	−2.7561
	3	5.1696	−2.2645	−0.0498	0.7094	−2.6413
	4	1.559	−1.9222	−2.8042	1.2894	−1.4971
	5	−0.1189	−1.03	−1.1394	8.4875	−8.6557

$$X_i = W_{1i} \times LAI + W_{2i} \times WAB + W_{3i} \times T + W_{4i} \times RH + W_{5i} \times NDVI \quad (6.9)$$

$$y_i = \frac{1}{1+\exp(-x_i)} \quad (6.10)$$

$$H = -0.3968 \times y_1 - 5.1494 \times y_2 + 1.7448 \times y_3 - 4.278 \times y_4 + 1.7679 \times y_5 + 2.11 \quad (6.11)$$

利用构建的冬小麦赤霉病病情指数模型对大丰区冬小麦赤霉病受灾程度进行估测,赤霉病实测值在 9.40~30.16,平均值为 20.88。BP 神经网络模型的估测值范围在 9.7~28.9,均值为 21.78。由图 6.11 看出,样点估测值和实测值紧贴在 1∶1 线两侧,R^2 为 0.82,RMSE 值为 2.3778,表明基于 BP 神经网络算法所构建的冬小麦赤霉病病情指数估测模型拟合值与实测值较为接近,模型具有较好的估测能力。

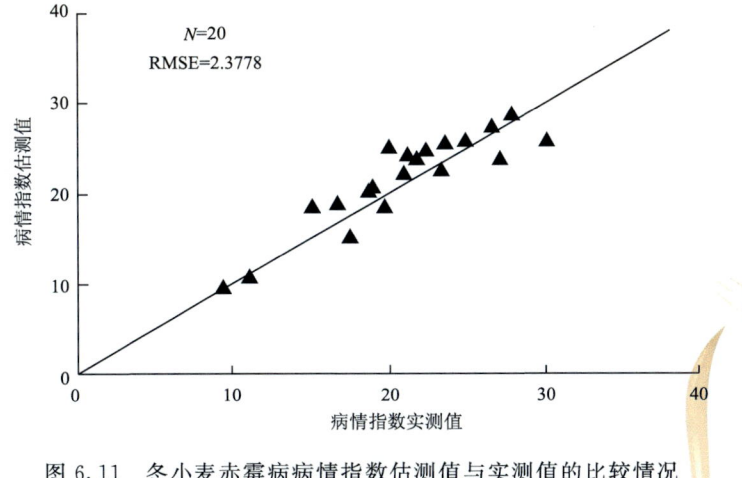

图 6.11 冬小麦赤霉病病情指数估测值与实测值的比较情况

6.4.5 两种赤霉病估测模型的比较

将多元线性回归方法和 BP 神经网络算法所构建的模型进行分析比较,主要分析模型精度。将模型的训练样本预测精度、测试样本预测精度和总体预测精度列举于表 6.6 中。表 6.6 显示多元线性回归模型总体样本预测 R^2 为 0.868,大于 BP 神经网络总体样本预测 R^2 为 0.867,说明多元线性回归模型稳定性高于 BP 神经网络所构建的冬小麦赤霉病估测模型。同时,多元线性回归模型的 RMSE 值也比 BP 神经网络高 0.11,说明多元线性回归模型的估测值与实测值偏离程度小于 BP 神经网络模型。但是多元线性回归模型的测试样本 R^2 较低(0.8148<0.8224),这表明基于多元线性回归方法建立的模型外延性较差。对于训练样本来说,多元线性回归模型拟合效果优于 BP 神经网络。根据上述分析比较,综合总体样本精度的差异,因此选用拟合效果较好的多元线性回归模型对大丰区 2015 年冬小麦赤霉病进行估测反演。

表 6.6 两种冬小麦赤霉病估测模型总体验证结果

	多元线性回归		BP 神经网络	
	R^2	RMSE	R^2	RMSE
训练样本	0.8913	1.963	0.8848	1.5653
测试样本	0.8148	2.2612	0.8224	2.377
总体样本	0.868	2.0672	0.8667	2.1779

把 3 个县区的 NDVI 和 WAB、LAI 建立回归方程,将冬小麦长势信息进行由点及面的的转换。具体转换公式为:$LAI=2.5503\exp(0.9614NDVI)$;冬小麦生物量利用冬小麦生物量模型进行估测,得到遥感转换公式为:$ABW=4681.5\exp(1.1337NDVI)$。同时在中国气象数据网中获取的卫星遥感过境当天的气象数据,在 ArcGis 中利用空间插值方法获取大丰区样点气温和相对湿度,并代入到多元线性回归模型中,利用所构建的赤霉病估测模型对大丰区冬小麦赤霉病进行估测。上述步骤在 EARDAS 中 Modeler 模块完成,具体结果见图 6.11。将模型估测的赤霉病严重程度划分为三级,病情指数<15,定义为一级,即健康小麦;病情指数在 15~25 的为二级,表示赤霉病发生程度较轻;病情指数>25 表示赤霉病严重程度较重,定义为三级。如图 6.12 所示,总体来看,健康小麦比重较大,主要分布在小海、西团、三龙等乡镇,这几个乡镇田块较小,麦田通风较好,不利于赤霉病病菌的传播。赤霉病轻发区分布范围广,整个大丰区的冬小麦都可能受灾,需要尽快喷洒防治赤霉病农药,加大麦田空间流动,降低麦田环境温度和湿度,抑制赤霉病病菌的滋生。赤霉病感病程度较重的地区,与较轻的田块有一些重叠,主要位于沈灶、草庙、大中农场和东坝头农场等地。其中东坝头农场感病较为严重。这些地区应加强赤霉病的防治,同时加快麦田气流的循环,及时扼杀赤霉病病菌。

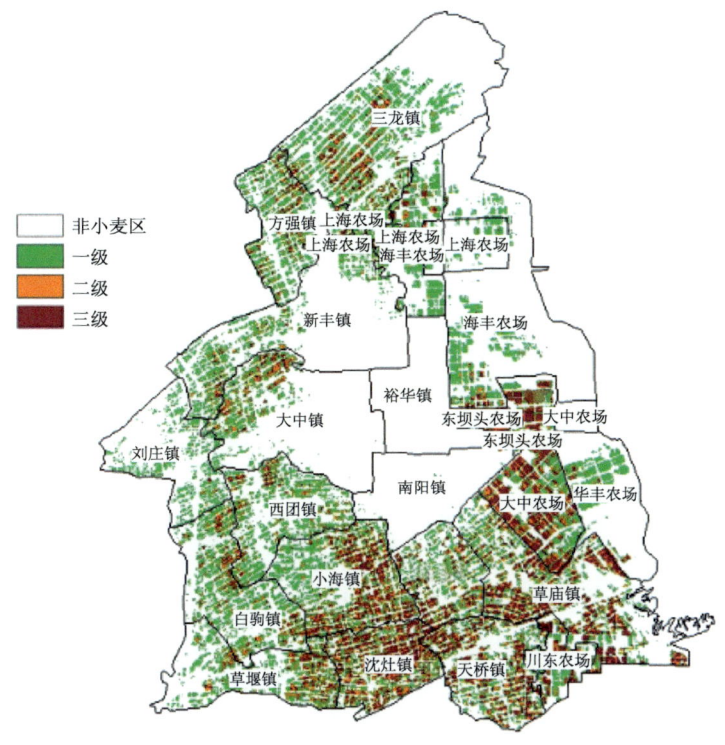

图 6.12　多元线性回归模型估测冬小麦赤霉病严重度的空间分布

第 7 章 小麦赤霉病气象等级预报系统

7.1 系统设计思路

为满足赤霉病气象等级预报业务需求，设计开发业务服务系统，将农业气象预报、气象资料数据库与地理信息技术相结合，对需求进行任务分解、模块化设计，整个系统按功能划分为系统设置模块、数据模块、计算模块、产品输出模块四部分，具有系统设置、数据查询、存储、计算、产品输出等功能，为赤霉病动态预报、科学防治提供业务平台。系统设置模块包含了系统运行所需要的各种参数，所以在设计时将运行参数保存为 XML 文件，在系统再次运行时读入配置，简化业务人员的操作。数据库模块需要设计 3 张表：第一张是站点信息表、存储站号、站名、经纬度信息等；第二张表是历史数据表，存储了江苏省历年来各地小麦赤霉病最终病穗率；第三张表是气象要素表，存储了江苏省 73 个站点 1951 年以来与农业气象业务相关的气象要素。计算模块包含湿热指数、促病指数、综合影响指数等算法。产品输出模块包含文字产品、色斑图、地理信息产品等。

7.2 系统所用技术

根据系统的需求，我们对各种技术进行了对比，最后管理查询模块采用了 html＋CSS＋Javascript(jquery)＋Google map api 作为前端，Java 作为后台，计算模块则用 python 语言集成到开源 GIS 软件 QGIS 上。

7.2.1 Javascript 和 Google map javascriptapi 技术

Javascript 是一种直译式程序语言，是一种动态类型、基于原型的语言，内置支持类别。它的直译器被称为 JavaScript 引擎，是浏览器的一部分，广泛用于客户端的脚本语言，最早是在 html 网页上使用，用来给 HTM 网页增加动态功能。它的主要特点在于是一种解释性脚本语言（代码不进行预编译），主要用来向 html 页面添加交互行为，可以直接嵌入 html 页面，但写成单独的 Javascript 文件有利于结构和行为的分离。

前期对比了 Google map、Baidu map 和 Arcgis server 之间的异同，表 7.1 可以看出 Google map 因为其国际化、精准性、易用性和可扩展性被广泛使用，它在全球拥有庞大的开发社群,用户可以根据自己需求利用多种语言开发出符合美学的地图应用,而且 Google map 在中国大陆地区有合法的域名 ditu.google.cn,完全不必担心防火墙屏蔽的问题,最后我们决定采用 Google map javascriptapi 来进行显示查询模块的开发。

表 7.1　不同地图开发技术对比

项目	Google map	Baidu map	Arcgis server
适用范围	全球	中国	自定义
定位精度	小数点后 14 位	小数点后 6 位	自定义(低于 14 位)
3D 地图	全球(中国少数城市)	中国少数城市	自定义
兼容性	兼容各种浏览器	兼容各种浏览器	兼容各种浏览器
易用性	5 星级	3 星级	1 星级
开发语言	Javascript,Java,Python 等,同时提供 android 和 ios SDK	Javascript,同时提供 android 和 ios SDK	Javascript,Silverlight,java

7.2.2　Python 和 QGIS python api 技术

　　Python 是一种面向对象、解释型计算机程序设计语言,它常被昵称为胶水语言,能够把用其他语言制作的各种模块(尤其是 C/C++)很轻松地联结在一起。Python 特点:优雅、明确、简单。Python 功能强大,能用于桌面软件编写(Tkinter)、web(Django)以及数值计算(Numpy)等领域。由于 QGIS 是利用 PyQt 进行二次开发,所以项目中运用了 PyQt 的开发库,它是 Python 编程语言和 Qt 库的成功融合。Qt 库是目前最强大的库之一。PyQt 实现了一个 Python 模块集。它有超过 300 类,将近 6000 个函数和方法。它是一个多平台的工具包,可以运行在所有主要操作系统上,包括 UNIX、Windows 和 Mac。

　　QGIS 是一个开源桌面 GIS 软件。它提供数据的显示、编辑和分析功能。GIS 以 C++写成,它的 GUI 使用了 Qt 库。QGIS 允许集成使用 C++ 或 Python 写成的插件。相较于商业 GIS,Quantum GIS 的文件体积更小,需要的内存和处理能力也更少。因此它可以在旧的硬件上或 CPU 运算能力被限制的环境下运行。

7.2.3　Java 技术

　　Java 是一种可以撰写跨平台应用软件的面向对象的程序设计语言。Java 技术具有卓越的通用性、高效性、平台移植性和安全性,广泛应用于 PC、数据中心、游戏控制台、科学超级计算机、移动电话和互联网,同时拥有全球最大的开发者专业社群。舍弃了 C 语言中容易引起错误的指针(以引用取代)、运算符重载(operator overloading)、多重继承(以接口取代)等特性,增加了垃圾回收器功能用于回收不再被引用的对象所占据的内存空间,使得程序员不用再为内存管理而担忧。图 7.1 为 Java 的体系结构,本系统主要是利用了 J2EE,这个版本是企业版的 Java,能够帮助开发和部署可移植、健壮、可伸缩且安全的服务端 Java 应用。Java EE 是在 Java SE 的基础上构建的提供 Web 服务组建模型、管理和通信 API。可以用来实现企业级的面向服务体系结构(service－oriented architecture,SOA)和 Web 2.0 应用程序。现在大型网站基本上都是用 J2EE 来开发,它的三层框架 SSH(表现层框架 Struts、业务层 Spring 和持久层 hibernate)应用更是广泛。

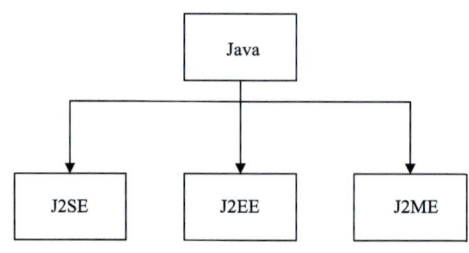

图 7.1　Java 体系结构

7.2.4　html＋CSS 技术

超文本标记语言(html)是为"网页创建和其他可在网页浏览器中看到的信息"设计的一种标记语言。html 被用来结构化信息——例如标题、段落和列表等,也可用来在一定程度上描述文档的外观和语义。它的主要特点是简易性、可扩展性、平台无关性、通用性。

层叠样式表(CSS)是一种用来表现 html(标准通用标记语言的一个应用)或 XML(标准通用标记语言的一个子集)等文件样式的计算机语言。能够真正做到网页表现与内容分离的一种样式设计语言,能够对网页中对象的位置排版进行像素级的精确控制,支持几乎所有的字体字号样式,拥有对网页对象和模型样式编辑的能力,并能够进行初步交互设计,是目前基于文本展示最优秀的表现设计语言。CSS 的主要特点是减少图框的使用,便可以达到文字变化的需求,加快网页传输的速度,集中管理样式,当修改时只需针对样式修改即可共享样式设定,CSS 可另外存档,供每一个网页取用共享。

7.3　系统介绍

小麦赤霉病气象等级预报系统是对冬小麦赤霉病分布进行实时预测的服务系统,具有较高的实用价值。

通过计算模块(图 7.2),管理员可以远程连接数据库获得气象模式所计算出的日平均气温、相对湿度、日照时数等数据并根据一定的算法计算出赤霉病等级,并将结果保存为 geojson 格式的文件,该模块为 C/S 架构,考虑到模块的易用性和可扩展性，该模块采用了 QGIS Python api，用 Python 语言集成在开源地理信息系统软件 QGIS 上，QGIS 是国际上著名的开源桌面 GIS 软件，它提供数据的显示、编辑和分析功能。QGIS 以 C++写成，它的 GUI 使用了 Qt 库。QGIS 允许集成使用 C++ 或 Python 写成的插件。

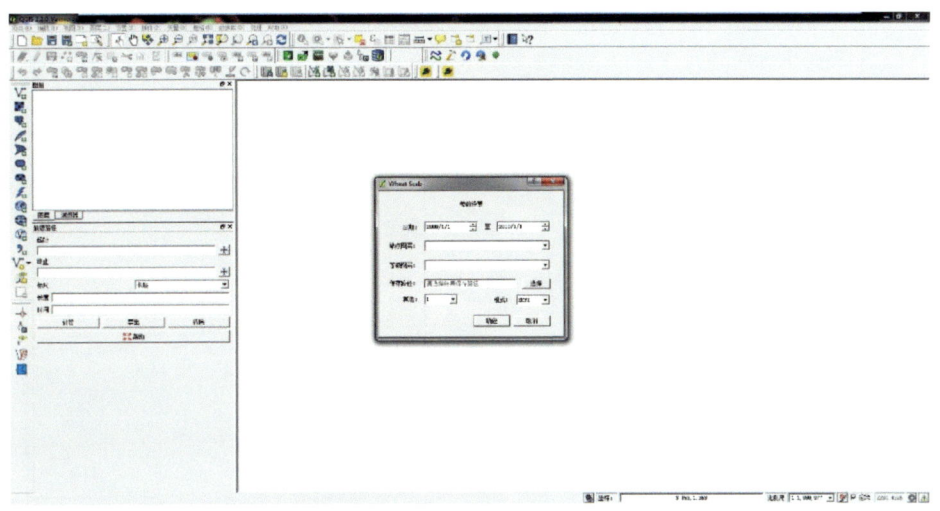

图 7.2　计算模块界面

管理员可以通过管理发布模块将计算出的 geojson 格式的文件上传到服务器并数据库，供用户查询，并且可以设置当年的赤霉病预报时段。图 7.3 为管理发布模块的界面，左图为发布上传界面，右图为查询时间段设置。

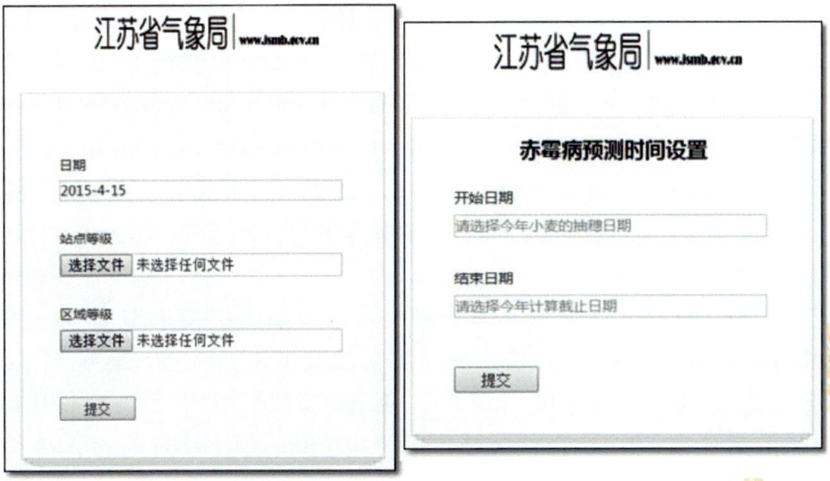

图 7.3　管理发布模块界面

用户则可以通过查询模块查询本地赤霉病气象等级信息,查询模块的功能有:用户设定日期,查询该日的赤霉病等级,同时用户可以查询当前日期以及未来3天的天气状况并上传抽穗时间。图7.4为查询模块界面,用户可以根据左上角的面板来对所在地级市或县的历史赤霉病等级或者预测的赤霉病等级进行查询。

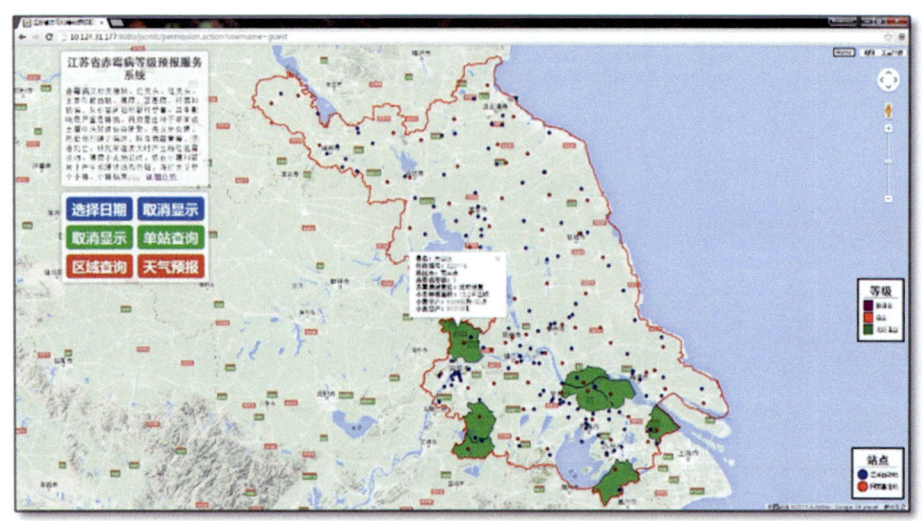

图7.4 查询模块界面

管理发布模块和查询模块利用B/S架构,通过网页发布和查询数据,主要使用的技术有jsp、servlet、struts2、Google map javascriptapi、html、CSS,其中jsp、servlet、struts2是J2EE(企业级Java)的子技术,在系统中,我们主要是将Java作为后台调用数据库中的赤霉病等级结果,并通过json技术将其传递到前端进行显示,利用免费开源tomcat软件作为Java容器,搭建在openSUSE系统上,确保了系统的稳定性以及数据的安全性,由于利用了Java表现层框架struts2,本系统具有非常良好的可扩展性。Google map javascriptapi、html、CSS等技术主要是用于前端结果显示,即将计算结果显示在网页上供用户查询。通过前期的需求分析,我们将Google map、Baidu map和Arcgis等进行了对比,确定采用了Google map javascriptapi来显示赤霉病气象等级分布信息。

小麦赤霉病气象等级预报系统的主要特点:(1)系统架构采用C/S和B/S混合架构,软硬件技术都是主流技术,使用的技术包括虚拟化、云存储、集群、千兆/万兆网络、消息中间件、虚拟专用网(VPN)等。(2)数据实时化、空间全覆盖:使用的是数值模式资料插值到站点(约200个代表站),时间和空间分辨率比以前的资料大大提高,资料可用性也大幅提升。(3)服务产品的精细化:数据来源于江苏省气象局一体化数据库模式预报产品,可以选择各种模式插值到全省区域自动站的气象要素值(图

7.5),空间分辨率最小 3 km,时间分辨率 3 h 到 72 h 可选(图 7.6)。

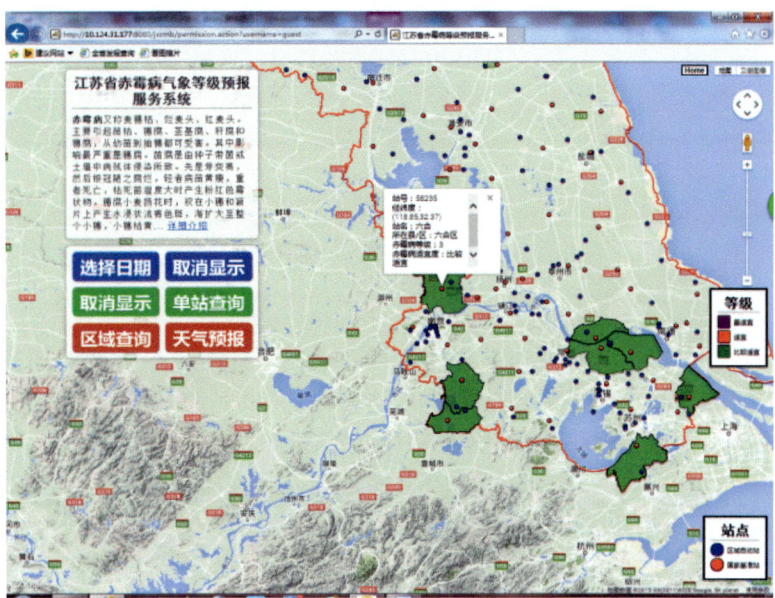

图 7.5 系统查询某个站预报服务情况的界面

图 7.6 系统中查询未来 3 d 天气预报的界面

第8章 小麦赤霉病绿色防控对策

8.1 绿色防控策略

传统的小麦赤霉病防治策略是以化学防治为主,主要是在小麦抽穗扬花期实施一喷三防,不仅农药用量大,而且防治效果不稳定,尤其是在病害严重流行的年份,控危害和控毒素的效果不理想。因此,要转变防治策略,走绿色防控之路。要在充分利用现有品种抗性的基础上,协调应用抗耐病良种、健身栽培、化学防治等多种有效措施,方可提高病害防控效果,降低产量损失和毒素影响、减少农药使用,保障小麦产业健康发展。

绿色防控就是指在病虫防治中要坚持以人为本的宗旨,以保障农业生产安全、农产品质量安全和保护生物多样性,减少环境污染为目标,以减少化学农药使用为主攻方向,优先采取生态控制、生物防治和物理防治等环境友好型技术措施控制病虫危害。因此,要坚持质量优先、绿色发展的原则,积极转变传统的防治思路,改变过去穗期药肥"一喷定天下"的防治策略,围绕病害侵染危害主要环节,统筹考虑各项措施,优先采用抗病良种、健身栽培,结合科学的化学防治,综合预防和控制赤霉病危害。

8.2 绿色防控措施

8.2.1 调整种植结构

结合农业供给侧改革和轮作休耕政策实施,调整优化种植结构。长江以南及沿江赤霉病流行风险高的稻麦轮作地区,推进轮作休耕,压缩秋播小麦种植面积,分年度、分区域改种油菜、蚕豆、绿肥等其他作物;或者实行间隙休耕,即一年种植小麦一年休耕,培植地力、减少菌源积累。江淮北部稻麦轮作及小麦玉米轮作区,压缩夏玉米种植,分年度改种大豆、花生等特粮特经等高效经济作物,降低菌源基数、降低赤霉病流行风险,又有利于保证下茬作物安全生产。

8.2.2 推广抗耐病良种

因地制宜选择适合本地种植、具有较强抗耐病性的优质良种。淮南麦区要尽可能种植扬麦、宁麦、镇麦系列等中抗及抗性较好的品种,沿淮及淮北种植具有较好耐病性的品种,压缩和控制高感品种种植,杜绝跨区和盲目引种高感品种;强化区域内品种种植的一致性,每个县可明确 2~3 个主推品种以及几个搭配品种,解决品种"多乱杂"以及生育期不整齐的现象,提高小麦生育期的整齐度,这样既可降低病害流行风险,又便于田间管理和防治指导。

8.2.3　推进健身栽培

提高秸秆综合利用水平,对还田秸秆实施深埋作业,秸秆粉碎后犁入耕作层下,或者增施腐熟剂,加快腐熟,实现无害化处理,减少菌源基数。引导种植大户、家庭农场等规模种植户适期播种、适量用种,尤其是稻茬麦地区要做到水稻适期收割,小麦适期播种;推广精量、半精量播种,控制群体数量,杜绝贪大求多;平衡施肥,培育壮苗,构建合理群体,增强抗病能力,创造不利于病害流行的田间小气候。有条件地区引导龙头企业与生产基地实行标准化生产和定单式生产,优质优价,提高种植效益。

8.2.4　加强病情监测预警

赤霉病防治适期短、组织难度大,因此有关部门要系统做好病原基数调查,密切关注小麦生长发育进度和天气情况;加强与气象部门的沟通,及时会商分析发生动态,准确发布预报预警信息,明确最佳预防控制时期,指导农民适期防治。同时,全面加强病菌抗药性监测,及时预警抗性发展趋势、制定抗药性治理预案,指导农民合理选用药剂,科学防控病害。

8.2.5　实施病害分区治理

在当前缺乏抗病品种和粗放秸秆还田的现实情况下,药剂防治是赤霉病防治的重要抓手,应"立足预防、分区治理"。长江中下游、江淮、黄淮南部等赤霉病重发和常发区,坚持"主动出击"不动摇,抓住齐穗至扬花初期这一关键时期,全面落实药剂预防措施;生育期不一致及抽穗扬花期如遇到连阴雨、大面积结露或雾霾等天气,需隔 5~7 d 再次用药,保证药剂防治效果。黄淮中北部、华北南部偶发麦区,要坚持"预防为主"不放松,一旦穗期天气条件适宜病害发生,立即组织药剂防治。

8.2.6　加强田间管理

要加强田间管理,科学运筹肥水,防止小麦群体过大造成植株郁闭;及时清沟理墒,降低田间湿度,避免形成适宜病害流行的环境条件,以减轻病害流行危害。小麦蜡熟末期至完熟初期要及时收获、晾晒烘干,避免收获和储存过程中湿度过高,导致病菌继续生长繁殖、产生毒素。

8.2.7　强化赤霉病防控协作攻关

建议组织相关科研、教学、推广单位和企业联合攻关,加强抗病品种选育和布局、病害灾变规律、预测预报、新药剂研发和高效应用以及真菌毒素控制等研究工作,集成小麦赤霉病绿色防控技术体系,为病害持续治理、降低毒素污染提供技术支撑。

8.2.8 强化专业化统防统治

实践证明，推进专业化统防统治是提高重大病虫防控效果、效率和效益，减少粮食损失，保障粮食丰收的重要途径。由于一家一户的分散防治难以做到适期、对路、足量用药，尤其在赤霉病大流行年份防治效果更难保证，因此要大力推进专业化统防统治，充分发挥专业合作组织、家庭农场等新型农业经营主体的带头作用，以专业化服务组织为依托，全面推进病虫专业化统防统治，切实提高防治效果，降低危害损失。

8.2.9 优化化学防治策略

采取"适期防治、见花喷药"的防控措施。首先，在用药时间上，首次用药应掌握在小麦扬花始盛期，如果花期高温高湿天气多、小麦生育期不整齐，在第一次防治后的5～7 d还需进行第二次防治；如小麦扬花始盛期遇雨，可在雨隙或抢在雨前小麦齐穗期用药，药后6 h内遇雨应及时补治，保证防治效果。其次，在药剂选择上，要根据病害发生程度和农药抗性状况，科学安排用药品种，并综合考虑对赤霉病和毒素控制效果俱优的高效药种，注意交替用药。赤霉病尚未对多菌灵产生抗性的地区，可使用多菌灵及其复配剂，以及氰烯菌酯、戊唑醇、叶菌唑等高效单剂及其复配剂，要注意交替用药，延缓多菌灵等药剂抗性产生；赤霉病菌已对多菌灵产生抗性的地区，要进一步调优赤霉病防治药剂，限制抗性多菌灵和多酮的使用，尤其在多菌灵抗性频率高、抗性水平高的地区，要停用多菌灵及其复配剂，使用氰烯菌酯、叶菌唑、戊唑醇等高效药剂及其复配剂，积极示范氟唑菌酰羟胺、丙硫菌唑等新型高效药剂。不建议使用嘧菌酯等甲氧丙烯酸酯类农药，以免增加毒素超标风险。第三，在防治方式上，大力推广高地隙自走式高效喷杆喷雾机、静电喷雾器、机动弥雾机、植保无人机等施药器械，用足药量和水量，根据农药标签推荐剂量、病害发生程度，用足药量；根据所选药械，用足水量，保证防治效果。有条件地区积极开展统防统治和群防群治，提高防治效果和防治效率。

经过多年多点试验示范，对小麦赤霉病防效较好的药剂有如下几类：氰烯菌酯、氰烯菌酯与戊唑醇的复配剂，如25%氰烯菌酯1500 mL·hm^{-2}，48%氰烯·戊唑醇750 mL·hm^{-2}，20%氰烯·已唑醇1500 g·hm^{-2}；丙硫菌唑（未获登记）10～12 g a.i.·hm^{-2}，叶菌唑（未获登记）亩有效用量10 g，戊唑醇、咪鲜胺、甲戊、多戊、咪戊、戊百等，如戊唑醇单用建议不低于180 g a.i.·hm^{-2}，混用建议不低于161.25 g a.i.·hm^{-2}，咪鲜胺单用亩有效用量不低于12.5 g，75%戊唑·百菌清1500 g·hm^{-2}，40%戊唑·福美双1350 g·hm^{-2}，50%咪鲜胺750 g·hm^{-2}，40%戊唑·咪鲜胺450 mL·hm^{-2}，42%咪鲜·甲硫灵1200 g·hm^{-2}，30%氟环·多菌灵1200 g·hm^{-2}，30%戊唑·多菌灵1500 g·hm^{-2}；氟唑菌酰羟胺（未获登记）用量10～12 g a.i.·hm^{-2}；苯并咪唑类，如多菌灵、甲基硫菌灵（甲托）以及多酮等，如50%多菌灵1500 g·hm^{-2}，70%甲基硫菌灵1500 g·hm^{-2}，50%多·酮2100 g·hm^{-2}，40%

多·酮·福美双 1500 g·hm^{-2}，59.7%咪锰·多菌灵 450 mL·hm^{-2}，28%烯肟·多菌灵 1500 g·hm^{-2}；抗性水平较高地区宜限制使用；生物农药 1%甲嗪霉素 1800 mL·hm^{-2}；烯肟菌酯、吡唑醚菌酯、嘧菌酯对赤霉病防治效果一般，但据资料介绍，使用后会刺激毒素产生，不建议用于赤霉病防治。

8.3 国内外小麦赤霉病防控研究进展

近年来，国内外在小麦抗赤霉病机制和抗病品种培育、赤霉病菌致病和毒素合成机理以及病害综合防控等方面开展了大量研究，取得了显著进展。

8.3.1 小麦赤霉病育种

国内外学者对赤霉病抗性遗传进行了大量研究，我国率先培育出的抗赤霉病小麦品种"苏麦3号"和"望水白"，是国际上赤霉病抗性育种广泛使用的研究材料。近10多年来，针对小麦抗侵染、抗扩展和低毒素积累抗性，发现了近200个与赤霉病抗性相关的数量性状位点（QTL），尽管大部分位点对赤霉病抗性的贡献比较低，但在"苏麦3号"的3B染色体短臂上定位的Fhb1是一个稳定的主效QTL。Fhb1上的有效位点精确到1 Mb范围内；并且从Fhb1位点上克隆到一个编码嵌合凝集素的PFT抗病基因。此外，英美等多国研究团队合作，从小麦中鉴定出一个抗赤霉病的orphan抗性基因TaFROG，TaFROG在其他植物中并没有同源基因，在病原菌侵染的过程中受DON毒素诱导高表达，并与抗病相关蛋白PR1的激活密切相关。最新研究还发现，小麦中胍丁胺酰基转移酶TaACT以及转录因子TaWRKY70对赤霉病抗性有重要作用，这两个基因都位于QTL-2DL区域，其中TaWRKY70是第一个鉴定出与小麦抗赤霉病相关的转录因子。这些抗性主效QTL或抗病相关基因的发掘和鉴定，将对赤霉病抗病育种工作起到积极的推动作用。

近年来，在外源抗赤霉病基因资源发掘方面也取得了显著进展，从日本披碱草Elymus tsukushiensis 中克隆得到基因座Fhb6，将其导入小麦能显著提升小麦对赤霉病的抗性。从十倍体长穗偃麦草Thinopyrun ponticum中克隆的Fhb7基因座，可与Fhb1协同作用，显著提升小麦对赤霉病的抗性水平。小麦中稳定表达哺乳动物中特有的乳铁蛋白Lactoferrin（LF））或大麦的UDP－glucosyltransferase（HvUGT13248）基因转入小麦中稳定表达能显著提高转基因株系对小麦赤霉病的抗性。此外，十倍体长穗偃麦草与小麦具有较高亲缘关系，是小麦遗传育种中理想的模式植物。利用长穗偃麦草的7E染色体代换系7el1和7el2构建的RIL群体，发现在7el2的长臂上有一个抗扩展的主效QTL FhbLoP。因此，外源抗性基因的发掘和利用，有助于拓展赤霉病抗病育种的思路和材料。

与其他病害相比，赤霉病高效抗性种质资源非常缺乏，这也是赤霉病抗病育种面临的世界性难题。为了克服抗赤霉病种质资源缺乏问题，国内外多个团队利用寄主诱导基因沉默技术（HIGS，host-induced gene silencing）靶向病菌的药剂靶标或几丁质合成酶等基因，获得的转基因小麦株系对赤霉病表现出较高的抗性，为创建抗赤霉病小麦种质材料提供了新思路。此外，近来研究还发现，将针对病菌几丁质合成酶的 dsRNA 喷洒到寄主植物后，dsRNA 可以经过寄主植物维管束运输并被病菌吸收进入菌体内，有效沉默病原真菌的靶标基因，这可能成为有潜在应用价值的病害防控新技术。

8.3.2 赤霉病菌的致病和毒素合成调控

自从 2007 年 Kistler 等在 Nature 期刊公布赤霉病菌基因组序列以来，中国、美国、韩国以及欧洲的多个团队对几种重要的镰刀菌的基因组学进行了系统比较，发现了致病相关的小染色体；利用细胞学手段，发现赤霉病菌侵染寄主细胞初期表现半寄生状态，并非以前认为的完全腐生形式；综合利用多种组学技术，比较系统地解析了病菌侵染植物的过程中致病相关基因表达变化规律；发现 MAPK、TOR、cAMP 等多个关键信号传导途径调控病菌生长、发育及致病过程；在全基因组层面上研究了赤霉病菌转录因子、激酶、磷酸酶组学的功能，解析调控病菌生长、发育和致病的基因网络。此外，利用赤霉病菌为研究对象，首次发现真菌中存在 A-to-I 的 RNA 编辑，且该编辑对真菌的生长、发育及致病过程至关重要。同时研究表明，赤霉病菌的 Rho-GTPas、Rab-GTPase 及其鸟苷酸交换因子、VPS 类蛋白参与病菌的生长、致病。这些研究为深入解析赤霉病菌功能基因组奠定了坚实基础。

在赤霉病菌毒素合成调控及防控研究方面，明确了毒素合成基因簇及其相关基因的主要功能；发现多种生物和非生物因子，包括 pH、碳源、氮源、光照对毒素合成有重要的调控作用；解析了 cAMP、HOG 等信号途径参与镰刀菌毒素合成；发现组蛋白甲基化、乙酰化等表观遗传在赤霉病菌毒素合成中起重要作用，相关研究结果有助于深入解析镰刀菌毒素合成调控机理。

8.3.3 "小麦—病菌—微生物菌群"三者互作

近年来，微生物种群在人类健康和生态系统调节中的作用越来越受到人们重视，成为生物学研究的重要热点。在赤霉病研究方面，加拿大、埃及和美国多个团队合作，研究发现非洲传统作物 Eleusine coracana 对赤霉病抗性的新机制：根部细菌 Enterobacter sp. 能在作物根部形成生物被膜保护层，并释放抑菌物质杀死病菌，从而阻断赤霉病菌侵染作物根部，这是"作物—有益微生物"互作抗病的典型案例。

参考文献

曹祥康,陈爱光,田平阳,1994. 福建省小麦赤霉病气候预报初探[J]. 中国农业气象,15(3):33-35.
曾娟,姜玉英,2013. 2012年我国小麦赤霉病暴发原因分析及持续监控与治理对策[J]. 中国植保导刊,33(4):38-41.
陈永明,林付根,赵阳,等,2015. 论江苏东部麦区赤霉病流行成因与监控对策[J]. 农学学报,5(5):33-38.
陈云,王建强,杨荣明,等,2017. 小麦赤霉病发生危害形势及防控对策[J]. 植物保护,43(5):11-17.
刁春友,朱叶芹,2006. 农作物主要病虫害预测预报与防治[M]. 南京:江苏科学技术出版社.
高亮之,金之庆,郑国清,等,2000. 小麦栽培模拟优化决策系统(WCSODS)[J]. 江苏农业学报,16(2):65-72.
高苹,居为民,陈宁,等,2001. 人工神经网络方法在赤霉病预报中的应用研究[J]. 中国农业气象,22(2):21-24.
侯明生,黄俊斌,2006. 农业植物病理学[M]. 北京:科学出版社.
黄冲,姜玉英,吴佳文,等,2019. 2018年我国小麦赤霉病重发特点及原因分析[J]. 植物保护,45(2):160-163.
霍治国,王石立,2009. 农业与生物气象灾害[M]. 北京:气象出版社.
霍治国,姚彩文,姜瑞中,等,1996. 我国小麦赤霉病最大熵谱预报模式研究[J]. 植物病理学报,26(2):117-122.
贾金明,2002. 黄河中下游小麦赤霉病气象指数的建立与应用[J]. 气象,28(3):50-53.
姜明波,翟顺国,王守强,等,2018. 信阳地区小麦赤霉病发生与春季降水的相关性分析[J]. 河南农业科学,47(11):80-84.
居为民,高苹,武金岗,2001. 太湖地区小麦赤霉病与ENSO事件之关系及其预报[J]. 科技通报,17(3):22-26.
赖成光,陈晓宏,赵仕威,等,2015. 基于随机森林的洪灾风险评价模型及其应用[J]. 水利学报,46(1):58-66.
李韬,郑飞,秦胜男,等,2016. 小麦-黑麦易位系T1BL·1RS在小麦品种中的分布及其与小麦赤霉病抗性的关联[J]. 作物学报,42(3):320-329.
刘思峰,党耀国,方志耕,等,2010. 灰色系统理论及其应用(第5版)[M]. 北京:科学出版社.
刘小宁,刘海坤,黄玉芳,等,2015. 施氮量、土壤和植株氮浓度与小麦赤霉病的关系[J]. 植物营养与肥料学报,21(2):306-317.
陆维忠,2001. 小麦赤霉病研究[M]. 北京:科学出版社.
乔玉强,曹承富,赵竹,等,2013. 秸秆还田与施氮量对小麦产量和品质及赤霉病发生的影响[J].

麦类作物学报, 33(4): 727-731.

施能, 魏凤英, 封国林, 等, 1997. 气象场相关分析及合成分析中蒙特卡洛检验方法及应用[J]. 南京气象学院学报, 20(3): 355-359.

石礼娟, 卢军, 2017. 基于随机森林的玉米发育程度自动测量方法[J]. 农业机械学报, 48(1): 169-174.

王超, 阚瑷珂, 曾业隆, 等, 2019. 基于随机森林模型的西藏人口分布格局及影响因素[J]. 地理学报, 74(4): 664-680.

王建新, 周明国, 陆悦健, 等, 2012. 小麦赤霉病抗药性群体动态及治理药剂[J]. 南京农业大学学报, 25(1): 43-47.

王利民, 刘佳, 杨玲波, 等, 2018. 随机森林方法在玉米—大豆精细识别中的应用[J]. 作物学报, 44(4): 569-580.

王龙俊, 丁艳峰, 郭文善, 等, 2017. 农事实用旬历手册(第3版)[M]. 南京: 江苏凤凰科学技术出版社.

王维玮, 张淑萍, 2016. 全球变暖引起的物候不匹配及生物的适应机制[J]. 生态学杂志, 35(3): 808-814.

王晓曦, 王修法, 温纪平, 等, 2008. 世界小麦产量及加工业发展概况[J]. 粮食加工, 33(4): 11-12, 18.

吴春艳, 李军, 姚克敏, 2003. 小麦赤霉病发病程度的预测[J]. 中国农业气象, 24(4): 19-22.

吴福婷, 符淙斌, 2013. 全球变暖背景下不同空间尺度降水谱的变化[J]. 科学通报, 58(8): 664-673.

吴敏金, 1990. 函数的百分位值与序化及其作用[J]. 华东师范大学学报(自然科学版), (2): 54-63.

吴孝情, 赖成光, 陈晓宏, 等, 2017. 基于随机森林权重的滑坡危险性评价: 以东江流域为例[J]. 自然灾害学报, 26(5): 119-129.

肖晶晶, 霍治国, 李娜, 等, 2011. 小麦赤霉病气象环境成因研究进展[J]. 自然灾害学报, 20(2): 146-152.

辛海峰, 孟艳艳, 李建宏, 等, 2013. 一株萎缩芽孢杆菌在小麦中的定植及对赤霉病的防治[J]. 生态学杂志, 32(6): 1490-1496.

徐敏, 高苹, 刘文菁, 等, 2017. 水稻稻曲病气象等级预报模型及集成方法[J]. 江苏农业科学, 45(17): 95-98.

徐敏, 高苹, 徐经纬, 等, 2019. 江苏省小麦赤霉病综合影响指数构建及时空变化特征[J]. 生态学杂志, 38(6): 1774-1782.

徐敏, 吴洪颜, 张佩, 等, 2018. 基于气候适宜度的江苏水稻气候年景预测方法[J]. 气象, 44(9): 1220-1227.

徐云, 高苹, 缪燕, 等, 2016. 江苏省小麦赤霉病气象条件适宜度判别指标[J]. 江苏农业科学, 44(8): 188-192.

姚克兵, 庄义庆, 尹升, 等, 2018. 江苏小麦赤霉病综合防控关键技术研究[J]. 植物保护, 44(1): 205-209.

参考文献

姚玉璧，杨金虎，肖国举，等，2018. 气候变暖对西北雨养农业及农业生态影响研究进展[J]. 生态学杂志，37(7)：2170-2179.

叶彩玲，霍治国，丁胜利，等，2005. 农作物病虫害气象环境成因研究进展[J]. 自然灾害学报，14(1)：90-97.

尹雯，2018. 多因素协同的冬小麦生物量与赤霉病遥感估测研究[D]. 南京：南京信息工程大学.

张汉琳，1987. 气象因素与麦类赤霉病群体流行波动的研究[J]. 气象学报，45(3)：338-345.

张雷，刘世荣，孙鹏森，等，2011a. 气候变化对马尾松潜在分布影响预估的多模型比较[J]. 植物生态学报，35(11)：1091-1105.

张雷，刘世荣，孙鹏森，等，2011b. 气候变化对物种分布影响模拟中的不确定性组分分割与制图：以油松为例[J]. 生态学报，31(19)：5749-5761.

张旭晖，高苹，居为民，等，2009. 小麦赤霉病气象条件适宜程度等级预报[J]. 气象科学，29(4)：552-556.

仲凤翔，邰德良，梅爱中，等，2013. 2012 年小麦赤霉病大流行原因及防治对策[J]. 植物医生，26(1)：4-5.

祝新建，2009. 气候变化对农作物产量和病虫害的影响——以河南省获嘉县为例[J]. 安徽农业科学，37(15)：7062-7064.

庄东英，李卫国，武立权，2013. 冬小麦生物量卫星遥感估测研究[J]. 干旱区资源与环境，27(10)：158-162.

Biau G, 2012. Analysis of a random forests model[J]. The Journal of Machine Learning Research, 13(1):1063-1095.

Breiman L, 2001. Random forests[J]. Mach Learn, 45(1)：5-32.

Champeil A, Doré T, Fourbet J F, 2004. *Fusarium* head blight: epidemiological origin of the effects of cultural practices on head blight attacks and the production of mycotoxins by *Fusarium* in wheat grains[J]. Plant Sci, 166(6)：1389-1415.

Donnelly S, Walsh D, 1996. Quality of life assessment in advanced cancer[J]. Palliat Med, 10(4)：275-283.

Han J W, Kamber M, 2007. 数据挖掘：概念与技术[M]. 范明，孟小峰译. 北京：机械工业出版社.

Iverson L R, Prasad A M, Matthews S N, et al, 2008. Estimating potential habitat for 134 eastern US tree species under six climate scenarios[J]. Forest Ecol Manage, 254(3)：390-406.

Starkey D E, Ward T J, Aoki T, et al, 2007. Global molecular surveillance reveals novel *Fusarium* head blight species and trichothecene toxin diversity[J]. Fungal Genet Biol, 44(11)：1191-1204.

Verikas A, Gelzinis A, Bacauskiene M, 2011. Mining data with random forests: a survey and results of new tests[J]. Patt Recognit, 44(2)：330-349.